シリーズ
食を学ぶ

食の資料探し
ガイドブック

荒木一視・鎌谷かおる・木村裕樹 著

はじめに

● ●

　本書は食に関わる資料を収集、分析する際の手順や方法についての概説書で、その意味では食に関わる資料のガイドブックです。食に関わる最新の研究動向を紹介するものでもありませんし、様々の学問領域の重要な理論や考え方、潮流、古典的学説などを解説するものでもありません。将来そうした理論をふまえつつ、実際により実践的な卒業研究やゼミでの課題に取り組んでもらう際の道案内になればと考えています。

　このような考えに至ったのは、筆者のこれまでの学際学部での経験があります。そこでは、一通りの講義で理論や学説を勉強したり、論文を読んだりしたら、それではやってみましょうといきなり実際の（ゼミや卒論の）研究に取り組ませるようなカリキュラムが組まれていました。これはやや酷な話です。教則本を読んだだけでいきなり車の運転ができるようにはなりません。教習という実地のトレーニングを経て、実際に自分で運転ができるようになります。大学で行われる科学実験についてもそうです。本を読んだだけでいきなり実験ができるようにはなりません。器具や設備の使い方や実験室のルールなどの実地指導を受けて、はじめて自分の実験ができるようになります。資料の調べ方に関しても同様です。本や論文を読んだだけで、いきなり同じことができるようにはなりません。そこで用いられた様々な資料の集め方や扱い方の手解きを受けることなく、研究しなさいといわれても、いい研究ができるわけがありません。きちんとした資料に関するトレーニングを受けてはじめて、自分の研究ができるようになるのです。

　既存の学問領域を母体にした研究室（講座）やカリキュラムが整えられている学部や学科ではまだしも、（大学改革の一環でカリキュラムが削

減・再構成される中で）そうした学術的な方法論に関わる授業が消えつつあります。その学問分野の理論に関わる部分をなくすことができないのはもちろんですが、その学問分野を支える学問的ツールである実験や実習の重要性もしっかりと認識されるべきです。実験や実習の授業を受けていなければゼミの研究や卒業研究には取りかかれないように、野外調査の基礎を勉強せずにフィールドに出ることが危険なように、本来それらの手解きをきちんと学んだ上で、自身の研究に取り組むべきなのです。一方で、その手解きの機会が十分に保証されないままに、研究に取り組めといわれるのは、釣り竿や網を与えられないままに魚を獲れといわれているのと同じではないでしょうか。こうした状況を少しでも改善したいのです。具体的には、資料にアクセスする能力、入手した資料を読み解く能力、その資料を使って研究を組み立てる能力、これが身につけてもらいたい能力です。皆さん方の（近い将来）取り組むゼミでの研究や卒業研究において、様々な資料を使うことになるでしょう。それに関わる最初の手解きとなれば幸いです。

2022年6月
荒木一視

食の資料探しガイドブック　もくじ

● ●

序章

この本を使うにあたって

はじめに

　本書はこれから食科学を学ぼうとする人のために書かれた入門書で、食に関する様々な資料にはどのようなものがあるのか、またそれはどこにあるのか、どのようにしたら入手できるのか、さらにそれらの資料はどのように活用するのかを概説しています。

　このような食に関する資料を解説した本を企画した背景には、これまで食科学という学問分野が存在しなかったことがあります。あるいは栄養学や調理学、あるいは医学といった学問分野で論じられてきたという側面もあります。一方で、食文化といった時には歴史学や文化人類学など人文系の学問分野で論じられてきました。さらに食産業といえば経営学や経済学など社会科学の対象となります。また、農業は農学、農業機器や食品加工器具は工学、レストランや食堂は建築学・・・となるとキリがありません。以上のような多くの既存の学問領域に関わる食科学を学ぼうとする際に、どこにどのような資料があるのかをざっと見渡すことができれば、効果的な道標になるのではないかと考えたのです。

　とはいえ、あまりに多様な既存の学問領域に関連する諸資料を、片っ端から取り上げていくということはあまり効果的とも思えません。そこで多様な資料を整理するための大きな区分、マトリックスのようなものを考えてみましょう。図1を見てください。

　まず第1はフードシステム（チェーン）といわれるものです（左右の軸）。これは農業や水産業あるいは狩猟や採集など食べ物そのものの生産や獲得に関わるセクションから、それを加工し、流通させるセクション、

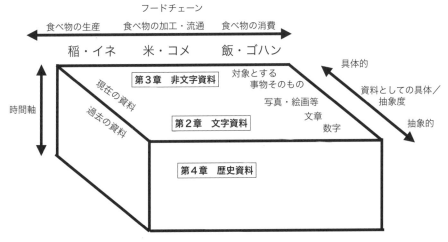

図1　本書の基本的なマトリックス

さらにそれを販売し調理し、最終的に口にするまでのセクションまでを1
つのつながりとみなす考え方です。例えば、食べ物の生産に関わって田ん
ぼにある時は稲・イネといいますが、収穫されて流通に乗り、食材として
扱われる時は米・コメとなります。さらに食卓にのぼって消費される時に
は飯・ゴハンとなります。姿形は変わって呼称も変わりますが、本質的に
は同じものです。この一連のつながりをフードチェーンといいます。もち
ろんこれは稲や米だけではなく、他の農産物や水産物でも同じです。

　第2に資料の種類による区分があります（前後の軸）。資料としての抽
象度が高いものとそうでないものということもできます。抽象度が高くな
い、いわば極めて具体的な資料として、研究対象とする事物そのものがあ
ります。食品や食材、農産物そのものを資料とする場合もあります。実験
や実習で使用するサンプルをイメージしてもらえばいいかもしれません。
しかし、そうした実験サンプルなどは本書の直接的な対象とはしません。
後述するように資料化したもの（第3章：非文字資料）を主として取り上
げます。その際、食器や調理道具は極めて具体的な資料です。また、食べ

るものはえてして食べてしまうと資料としては何の痕跡もとどめませんが、写真や絵画などの形で記録することはできます。こうしたものも本書で対象とする資料です。また、食べるものについて記載された文章なども具体的な事物と比べると抽象度が高いといえるかもしれませんが、重要な資料となります。さらに統計など数値化された資料も同様です。本書ではこうした文章や数字などの抽象度の高いものを文字資料として捉えました。詳細は第2章に示します。一方、もう少し具体性の高い写真や絵画、あるいは事物そのものであるモノ資料を非文字資料として捉えました。詳細は第3章に示します。

　さらにそれらの資料は現在のものばかりとは限りません（上下の軸）。50年前の資料もあれば、100年、200年あるいはもっと以前の資料もあります。本書ではこれを歴史資料（史料）としました。詳細は第4章で解説します。これが本書の大枠です。

　食に関わる資料は膨大な種類がありますが、それを整理するのにこの枠組みを用いたいと思います。例えば、飯・ゴハンに関わって、対象とする事物としてはまさにお茶碗に入ったゴハンが事物そのものということになり、これも重要な資料といえます。あるいは炊飯器やお茶碗などの食器もそれに当たります。もちろんそれらの写真や絵画も資料ですし、それらの画像ではなく、文章で説明されたものであっても構いません。同時にそれらに時間軸を当てはめてみることもできます。現在ならば電気炊飯器ですが、時代を遡れば、それが羽釜であったり、はたまた弥生土器であったりします。より抽象度の高い数字であっても同様です。例えば現在であれば都道府県別の米の生産量は統計数値として基本的な資料となりますが、歴史を遡れば江戸時代の国別の石高になります。このように、様々な食べ物に関する資料をこのマトリックス上で整理してみることができます。近世の農作業の様子を描いた絵画であったり、大正時代のレストランのメニューの記録であったり、現在の水産加工品の貿易額であったりという具

合です。

　ただし、文字資料と非文字資料と歴史資料というのはあくまでも便宜的な区分であって、資料の性格の本質ではありません。古文書は文字資料でもあり歴史資料でもありますし、多くのポスターの類には文字資料と非文字資料が混在しています。この点も留意しておいてください。分類ありきではありません。ここでは膨大な種類の資料を仕分ける際の１つの目安と捉えてください。例えば、イチゴは野菜でしょうか果物でしょうか。農業などの分野では木本ではなく草本であることから、野菜に分類されることもあります。一方、調理などの分野では煮炊きされるのではなく生食が中心であることから果物に分類されることもあります。どちらが唯一の正解というわけではありません。あくまでも便宜的な区分です。ここでイチゴが野菜か果物かの議論を続けても仕方ありません。あなたの取り組もうとしている研究にとって効果的な区分を採用してくれればいいのです。資料は与えられたものとして存在するのではなく、あくまでもあなたの取り組もうとしている研究目的が存在してそのための資料があるのです。ここに示した資料の区分もそのための１つの枠組みとして受け止めてください。

留意しておいてほしいこと

○「食」と「資料」について

　本書で扱う食の範囲と食に関する資料の範囲ですが、食そのものを扱った資料だけではありません。その関連領域を広く含めています。それは本書が食に関わる学際的な研究に取り組もうという人のために編まれたものでもあり、社会科学的のみならず、人文科学的、自然科学的なアプローチにも広く役立つことを目指しているからです。例えば、米に関する資料としても、米の栄養成分や生産量のみが資料ではありません。米作農家の経営状況や伝統行事、米貿易をめぐる国際関係など様々なことが関わってきます。本書はなるべくこれらを広く捉えようという立場です。

○「資料」と「文献」について

　時々混同されることがありますが、あくまでも研究や分析を進めていく上での材料・マテリアルを「資料」と位置付けます。「文献」は研究者が著した研究成果と位置付けます。それらについては CiNii や J-STAGE を利用することで効果的にアクセスできるということは既にご存知だと思います。食や農を学ぶ以前に大学での基本的な文献利用・検索のテクニックとして身につけられているという前提に立っているからです。このため本書の中では触れていません。

○「資料」と「未資料」について

　すでに述べてきたように多様なものが、ほぼ何でも資料になるといえます。写真や、絵画、文章など食に関わるものは全て資料にしてしまうことができます。それでは毎日の食卓に並ぶ料理も全て資料、テレビで流れる食品 CM も全て資料、風景の中の田んぼや果樹園も全て資料ということになってしまいます。もちろんそうした分析方法もありますが、それをいうとキリがありません。ここでは分析対象として俎板の上に載せたもの、資料化されたものを「資料」とします。逆に資料化されていないものは「未資料」と位置付けることができます。本書では「未資料」は取り上げません。ただし、身の回りにある何でもが「未資料」であり考え方ひとつで「資料」にすることができるのだということも理解しておいてください。

○ウェブサイトの表記について

　本書では多くの箇所でウェブサイトを紹介していますが、URL の表記や閲覧日の情報を示しているわけではありません。本書の出版時点でのそれらの情報を示すことは可能ですが、URL 情報は頻繁に書き換えられたり、ウェブサイト内の階層構造が再構成される場合も少なくありません。

また、紙媒体の書籍に「https://www.……」というアルファベットの羅列を示したところで、それが効果的な方法とは思いません。そこで本書では、XXX のサイトで YYY の項目を選択して、ZZZ をクリックしてくださいというような示し方をしています。XXX や YYY というキーワードさえ与えられれば検索エンジンを利用して（たとえ URL が変更されていても）任意のページに辿り着くことは決して難しいことではないからです。実際、URL を知らなくても「食料・農業・農村基本法」や「貿易統計」で検索すると目的のページや関連のページを簡単に入手することができます。こうした前提で利用していただければ幸いです。

○本書では扱わないもの

　フィールドワークや実験などを通じてもデータを収集します。もちろんそれらも資料ですが、本書では扱いません。ここでは主に紙媒体やそれに代わる電子媒体として入手できる資料に重点を置きます。フィールドワークや実験・実習における資料の扱いについては、他を参照してください。例えば、食と農に関わるフィールドワークについては以下があります。

　荒木一視・林紀代美編（2019）『食と農のフィールドワーク入門』昭和堂

　また、食と農だけを対象としたものではありませんが以下も参考になります。ワイン産業やエビ養殖、ショッピングモールの調査の話も出てきます。

　岡本耕平監修、阿部康久・土屋純・山元貴継編（2022）『論文から学ぶ地域調査　地域について卒論・レポートを書く人のためのガイドブック』ナカニシヤ出版

本書の構成と使い方

　本書は 5 章構成になっています。第 1 章では文字資料、非文字資料、歴

史資料の各パートごとに、対象とする資料はどんなものか、そこから何が
わかるのか、どんな意味があるのか、またどのようなことに気をつけてお
かねばならないのかなどが概説されます。続く第2章、第3章、第4章で
は各パートごとに実際の食に関わる資料を紹介しつつ、食に関わる多様な
資料へのアクセスの基礎的な部分を理解します。これを通じて、様々な食
に関わる資料についての認識を深めるとともに、どんな資料ならどういう
入手方法が可能なのかというアクセスの方法を体得してください。それに
続く第5章ではもう一歩踏み込んで、入手した資料をどのように活用する
のかを具体的に紹介します。これを通じて、入手した資料を読み解く能
力、その資料を使って研究を組み立てる能力を獲得してもらいたいので
す。もちろん、本書で紹介するのは食に関わる様々な資料のうちのごく一
部にしか過ぎませんが、これを通じて食に関する資料を渉猟する上での道
標になれば幸いです。

第 1 章

食を学ぶための資料とは

この章の構成

1．文字資料編

文字資料とはなにか

　ここでは食科学を学ぶ上での文字資料について概説します。食べ物に関して文字で書かれたものはなんでも文字資料ということができます。ひらがな、カタカナ、漢字などで書かれた文章はもちろんですが、数字で書かれた統計なども重要な文字資料です。もちろん日本語で書かれたものだけではありません。英語であろうと、中国語であろうと、様々な国の文字で書かれた文字資料があります。ざっと取り上げても、書籍や雑誌、新聞や日記やノートに報告書・・・色々あります。電話帳や時刻表にカタログやチラシも文字資料が掲載されていますし、会議の議事録やSNSで日々やり取りされる会話も文字資料といえます。キリがないといえばキリがありません。それらを文字資料として研究材料にしていこうという可能性は残しておきたいと思いますが、それら全てをこの本で取り上げることはできません。以下では、そうした膨大な文字資料をいくつかにカテゴライズして、食科学を学ぶ上での効果的な資料へのアプローチの一端を紹介していこうと思います。本書で紹介するのはあくまでも1つの道筋であって、それが唯一の道筋ではありません。これを足掛かりに広くて深い資料の海に独自の道筋をみつけていってください。そのための基礎を身につけてもらいたいと思います。

　食に関わる膨大な文字資料を1つずつ解説していくことはしません。ここでは第1章に示したマトリックスを含め、文字資料を体系的に捉えるためのいくつかの区分を示します。

　1つ目は主に文章で書かれた資料か、あるいは主に数字などの羅列による資料かという区分があります。百科事典の解説文にしても新聞記事にしても基本的には文章で書かれています。こうしたものを文字資料ということに抵抗はないでしょう。一方で、国勢調査などの様々な統計は基本的に数字が並んでいるということになります。これも重要な文字資料です。前者は主に文章からデータを得るもの、後者は主に数値からデータを得るものということになります。

　別の言い方をすると定性的なデータか定量的なデータかということもできます。例えば「今年の収穫は去年に比べて大豊作だった。」と言えば定性的な表現、「今年の収穫は去年より30％増加した。」と言えば定量的な表現になります。どちらが良いとか悪いとかいうものではありません。それぞれの資料の特徴を生かした分析をしてください。

　次にそうした文字資料が公的な機関によって作成されたものなのか、あるいは民間が作成したもの、私的な資料なのかという区分もあります。例えば、官報に掲載される情報や公文書、また統計類の多くは公的な文字資料ということになります。一方で、あなたのつけている日記や家計簿は私的な文字資料ということになります。電話帳や時刻表、あるいは新聞記事などは官製のものではありませんが、一定程度公共という性格を帯びます。このように区分してみることもできます。もちろんこうした資料についてもどちらが優れているというものではありません。公的な資料でしかわからないものもありますし、私的な資料でしか手に入れられない情報もあります。重要なことは目的に応じて必要な資料を効果的に使える能力です。

　また、国内の文字資料か、海外の文字資料かという区分の仕方もあります。国内資料は主に日本語で書かれていますが、海外のものはそういうわけにはいきません。英語をはじめ様々な言語で書かれています。もちろん外国語で記載された文字資料を読み解くためには一定の言語の能力がない

とお手上げです。ただし、そこに書かれていることの分析には国内の文字資料の読解で培った能力が使えます。

本書で取り上げる文字資料

　前段で示したいくつかの区分に従って、以下の章では具体例を示します。ここではその大枠を示しておきます。図2がそれに当たります。まず、第1章の図1に示したフードチェーンという観点に立って、生産に関わる文字資料、加工や流通に関わる文字資料、消費に関わる文字資料という区分を立てました（左右の軸）。次にそれぞれの資料は文章での記述など定性的な情報を提供してくれる資料か、統計的な数字による定量的な情報を提供してくれる資料か、というような区分ができます（上下の軸）。さらにそれが公的な資料か私的な資料か、官製の資料か民間の資料かというような区分も可能です（前後の軸）。もちろんこれらの区分は国内の資料に限ったことではなく、海外の資料に関しても同じことがいえます。

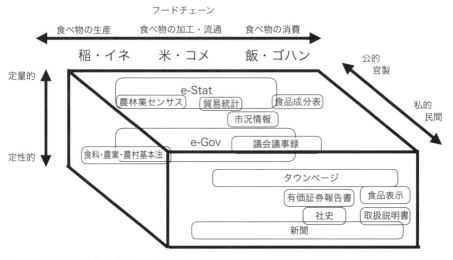

図2　文字資料の基本的なマトリックス

　以上を踏まえて、第2章ではまず基本的な文字資料について紹介します。文字資料というと、書籍、事典、辞書類が思い浮かぶかもしれません。もちろんそれらも重要な資料です。膨大な数の農業や食料関係の書籍が出版されており、書店で購入したり、図書館で閲覧できることは皆が知っています。本書でわざわざこの部分の紹介をするつもりもありません。データベースとしての事典、辞書、それからインターネットについて、まとめて触れるにとどめました（→第2章：事典・辞書そしてインターネット）。

　それではまず、公的機関による資料、あるいは官製の資料に関わるところからみていきましょう（図2奥）。もっとも手っ取り早いアプローチとして行政機関のウェブサイトにアクセスするというものがあります（→第2章：行政機関ホームページ）。様々な資料の信頼できる入手先としては身近なものといえますが、本書ではそこにとどまらず、より専門的な食に関わる資料へのアクセスを身につけます。

　まずはフードチェーン上では食料生産に関わる農業を例にとって、主に数字のデータで構成される統計の場合を取り上げます（図2奥左上）。ここでは「農林業センサス」を挙げています（→第2章：農林業センサス）。これは今日の私たちの食べ物を生産する上での基盤となる農業に関わる定量的なデータで農林水産省が管轄する官製（政府）統計ということになります。もちろん、生産に関わる部門だけではなく、流通に関わる部門に関しても同様に統計が整備されています。ここでは「貿易統計」を例に、過去に遡って資料を渉猟できることを示しました（→第2章：貿易統計）。また、厳密には統計ではありませんが、公的機関が発表する基準となる数値があります。日本の人口だとか国土面積だとかGNPだとか、あるいは気温や降水量の平年値などです。これらも広くみれば食に関わる数値といえますが、本書ではより食べ物に直接関係する食品成分表を取り上げました（→第2章：食品成分表）。こうしたタイプの資料にも留意してくださ

い。

　次に同様の官製の資料で定性的なものはどうでしょうか（図 2 奥下）。
それに当たるのが、法令や公文書で、本書では「食料・農業・農村基本
法」（→第 2 章：食料・農業・農村基本法）を取り上げています。こうし
た官製の資料に関してはネットでの閲覧ができるよう整備が進められてい
ます。具体的には e-Stat（政府統計の総合窓口）や e-Gov（電子政府の総
合窓口）があります。前者からは官製の統計資料に広くアクセスすること
ができ、後者の「法令検索」「文書管理」から様々な政府の文書にアクセ
スすることができます。

　以上は政府による官製資料ですが、同様のものは国のレベルだけではな
く、都道府県や市町村においても同様です（→第 2 章：行政機関ホーム
ページ）。e-Stat や e-Gov のような総合窓口は整備されていませんが、そ
れぞれの地方自治体の運営するホームページから、様々な統計（定量的
データ）や文書（定性的データ）にアクセスできる他、議会議事録を公開
しているところも少なくありません（→第 2 章：議会議事録）。また、純
粋に官製資料とはいえませんが、卸売市場の市況情報なども公的な資料と
いうことができます（→第 2 章：農産物市況情報）。

　同様に、海外においても同じことがいえます。それぞれの国にはそれぞ
れの国の作成した官製統計や公文書がありますし、様々の書籍や定期刊行
物もそれぞれの国の言語で刊行されています。日本と同様に海外のこうし
た文字資料もインターネット上で閲覧が可能になってきています。かつて
は現地に行かないと手に入らなかったような資料も、自分のパソコンから
直接ダウンロードできるようになってきています。これらを利用しないと
いう手はありません。ここでは、FAOSTAT を紹介しています（→第 5
章：FAOSTAT）。国際機関が提供する代表的なデータベースです。国内
統計に関しては e-Stat が総合窓口になることはすでに言及しましたが、ア
メリカ合衆国では USDA（アメリカ合衆国農務省 United States

Department of Agriculture）が充実したホームページを運用しています。
また、農産物市況情報の項でもインドの例を紹介しています（→第2章：
農産物市況情報）。海外に関してはそれぞれの国ごとに整備のされ方が異
なりますが、その一例としてください。

　次に上記以外の民間の資料についてみてみましょう（図2手前）。官製
のもの以外は民間ということもできますので、そうした場合、膨大な文字
資料があるということになります。一般的なところでは様々な書籍や定期
刊行物・雑誌などの出版物がまず想起されます（→第2章：事典・辞書そ
してインターネット）。もちろん、そうした出版物を図書館等で閲覧した
り渉猟したりすることは大切ですが、本書では食に関する資料に関わって
もう少し踏み込んだアプローチを紹介しましょう（食科学に関わらず、ど
んな学問分野であろうと、あるいは学術的なものではなくとも、何かを調
べる時に図書館に当たるのは当然です。本書はそれに関わる一般的な解説
をするものではありません）。本書では新聞を取り上げました（→第2
章：新聞）。もちろん、全国紙の記事を検索して、必要な情報を集めるこ
とは悪いことではありません。しかし、それだけならば、なにもこの本を
読む必要はありません。身につけてもらいたいのはその先です。新聞でも
業界新聞に着目してください。特定の食品分野に関わる情報は格段に多
く、かつ効率的に入手できます。本書で手解きをしたいのはそうした部分
です。
　また、食に関わる企業に関しての資料を集めようとした時、ネット検索
や図書館での書誌検索しか方法がないと思ってはいませんか、信憑性の高
い資料を効果的に集める方法があります。それがここで紹介する有価証券
報告書や社史ということになります（→第5章：有価証券報告書）（→第
5章：社史）。

　最後に、こうしたいわば編集、編纂された文字資料ではないものについて触れておきます。文書や統計として編纂されたものではなくても、研究を進めていく上での資料として有用なものはたくさんあります。例えば、電話帳や新聞広告などは統計ではありませんが、利用の仕方によっては極めて有効なデータベースになります。ここではその一端を取り上げました（→第5章：タウンページ）。さらに言えば、文字が書かれていればアイデア次第でなんでも研究対象の文字資料になる可能性があります。資料化する以前の未資料の状態と曖昧なところがありますが、基礎を踏まえた上でそうした資料の利用の可能性も知っておいてください（→第5章：メニュー、伝票、日記・・・）。

　以上、文字資料に関するパートのうち、第2章では、農業を含めて食科学を学ぶ上で、基本的な事項が掲載されている文字資料の代表的なものを紹介します。ただし、これまでにも述べてきたようにそれが全てではありません。逆にいうと、食科学を学ぶ際には畑違いであったとしても、本書に取り上げている資料くらいは概略を把握しておいてくださいということにもなります。いずれにしても、膨大な資料を本書1冊で網羅することはできないという前提を理解して利用してください。第5章では、比較的汎用性の高い第2章に対し、もう少し個別のテーマとのつながりの深い、いわばクセのある資料を取り上げています。もちろん、ここでも取り上げられる資料は氷山の一角のまた一角に過ぎません。これらのケースを学ぶことで、資料の活用方法と自身の研究をデザインできる能力を身につけてください。

留意しておいてほしいこと

　主観と客観：あくまでも本書で取り上げるのは研究を進める上での資料ということです。その際には、資料の客観性あるいは客観的に資料を取り

扱うことが求められます。すなわち意図的に操作されたものではないことが求められます。その際、日記やSNSの文章は主観的なものであることは誰でも理解できますが、新聞記事はどうでしょう。報道には客観性が求められますが、記者の考え方や新聞社の立場から自由ではありません。それではどこまで行っても客観的なデータは存在しないということになります。つまりは、そういうことです。文字資料は間違いなくどこかで（文字化する段階で）他者の考え方というフィルターを通してもたらされたものであるということを常に意識しておいてください。

　統計資料は一見客観的な資料のようにみえますが、統計だからといって絶対的な数字ではありません。例えば、人口ひとつとっても国勢調査と住民基本台帳の人口は異なります。どちらが正しいというわけではありません。住民基本台帳は住民票に基づいていますので、住民票を動かさずに下宿している学生さんは人口に含まれないことになります。一方で、個別の世帯に調査員が訪問する国勢調査はより実態に近い数字が得られることになります。ただし、住民基本台帳は届出に基づいて、年毎や月毎に集計することができますが、国勢調査は5年に1度です。すでに述べたイチゴの例と同様に、どちらが正しい（客観的である）というよりも、あなたが何をしようとしているのか、その際にはどの資料を使うのが適切なのかを見極めることが重要です。

2．非文字資料編

非文字資料とはなにか

　本書では食に関わる膨大な資料を文字資料、非文字資料、歴史資料に便宜的に区分して紹介するとしました。ここでいう非文字資料とは文字通り、文字資料以外の全てが対象となり得ます。例えば、絵画、地図（これらは紙や電子媒体であることが多い）、画像、映像、塑像、家具、日用品、衣服、骨董、建築物、輸送機器、機械、動物、植物・・・2次元、3次元、紙媒体、電子媒体などというように無限に広がっていきます。やや乱暴かもしれませんが、ひとまず、ここでは文字資料でなければなんでもOKとしておきます。もちろん、この中には歴史資料も含まれますが、これは第4章で取り上げることにします。

　このように文字資料以外の全てが非文字資料となる可能性を持つわけですが、それには1つの条件があります。例えば、あなたがふだん使っているお茶碗があるとします。それは清水焼かもしれませんし、百貨店（最近は百貨店を知らない世代も増えているようです）の什器売り場で購入したものかもしれません。あなたにとってそれはお気に入りの愛用品かもしれません。もしその茶碗について、「それは資料ですか？」といきなり問われたら、困惑するかもしれません。なぜなら、それは紛れもなくあなたの茶碗であって、ご飯を食べるのに使っているのであれば食器であり、生活用具だからです。それでは、そもそも資料とは何でしょうか。小学館の『日本国語大辞典』を引くと、「それを使って何かをするための材料。特に、研究や調査などのもとになる材料。もと」とあります。それでは、あなたも含めて学生たちはどのような茶碗でご飯を食べているのだろうかと

か、その茶碗はどこの産地で作られたものなのだろうかとか、どこで手に入れたものなのだろうか、といった問いを投げかけてみればどうでしょうか。あなたの茶碗も資料の候補になるかもしれません。もちろん、この時、あなたは愛用の茶碗を資料として使う（使われる）ことを拒否することもできます。このように問いを立てるプロセスをここでは「資料化」と呼んでおきます。それは対象を客体化することにほかなりません。そして非文字資料には「資料化」のプロセスを踏まなければならない「未資料」が無限に広がっているのです。

　それでは、非文字資料はどこにあるのでしょう。本書で取り上げる文字資料や歴史資料は図書館や博物館などにあることが多いです。もちろん、非文字資料も例外ではありません。そこでは、第三者が整理して使える状態にしてくれているのです。デジタルアーカイブとして公開してくれているものも少なくありません。けれども、非文字資料のありかは図書館や博物館だけではありません。実生活の中にあることも忘れないでください。食に関していうなら、生産、加工、流通から消費に至る全ての現場といって過言ではありません。けれども、そのプロセスに登場するカントリーエレベーターはカントリーエレベーターでしかないし、セントラルキッチンはセントラルキッチンでしかありません。そこにあなた自身の問いを投げかけてください。そうすると、それらはたちどころに資料に変わるはずです。そして非文字資料にはそうした性格を持つものが少なくないのです。食に関わる文字情報以外の膨大かつ無限の全てが非文字資料となる可能性を秘めているというのは、このためです。

　ここまで「資料化」（客体化）についてお話してきました。それは対象を客体化、つまり第三者が操作可能なようにしてやることであり、いい換えると、資料とは認識の所産であるといえます。やや抽象的な話になりましたが、このことは重要です。およそ学術研究ではテクニカルタームとも

呼ばれる概念を扱います。フードシステムとかフードチェーンと呼ばれるものもそうです。本書は「食科学」のための資料の探し方や使い方を紹介するのが目的ですので、深入りはしませんが、非文字資料の中でモノ資料と関わって、研究蓄積のある民具の概念については一言触れておかなくてはなりません。

　民具というのは渋沢敬三（1896-1963）が案出した概念で、「我々の同胞が日常生活の必要から技術的に作りだした身辺卑近の道具」として説明されます。これは昭和11（1936）年に出版された『民具蒐集調査要目』という、民具を収集するための手引書に出ています。次の表はそこに示されている民具の分類項目ですが、これはあくまで目安です。

　また、この手引書には民具の名称、採集・採集地、製作・製作地、材

表

衣食住に関するもの	生業に関するもの	通信運搬に関するもの	団体生活に関するもの	儀礼に関するもの	信仰・行事に関するもの	娯楽遊戯に関するもの	玩具・縁起物
家具	農具	運搬具		誕生より元服（成年式）	偶像		
燈火用具	山樵用具	行旅具		婚姻	幣帛類		
調理用具	狩猟用具	報知具		厄除	祭供品及び供物		
飲食用具、食料及び嗜好品	漁撈用具		災害予防具、若者宿の道具、地割用具、共同労働具等を含む。	年祝	楽器	娯楽遊戯、賭事、競技に関する器具	手製の玩具にして商品にあらざるもの
服物（履物を除く）	紡織色染に関するもの			葬式、年紀	仮面		
履物	畜産用具				呪具		
装身具	交易用具				卜具		
出産、育児用具	其の他						
衛生保健用具							

料、使用・使用地、分布・由来にわたって、都合25の質問項目が掲げられています。

　それでは現代の辞書や事典ではどのように説明されているのでしょうか。例えば、吉川弘文館の『日本民俗大辞典』で民具の項目を引くと、冒頭に「日常生活の必要から製作・使用してきた伝承的な器具・造形物の総称」とあり、先ほどの概念が踏まえられているのがわかります。しかし、「自製・自給の用具は基本ではあるが、社会と生活技術の発達により素人だけでなく半職人・専門職人の製作による民具が生まれた。（中略）これらも民具であり「流通民具」と称すべきものである。さらに現代においては機械工業による大量生産された用具が人々の中に浸透しているが、これも民具の範疇に入るものが多々ある」として、概念の拡大がみられます。ただ、民具を日常の生活用具全般といってしまうと、やはり語弊があるので、ちょっと厄介です。民具の概念については研究者の間で再三にわたり議論がなされてきましたが、『民具蒐集調査要目』の分類項目が有形の民俗文化財の指定基準に応用されていることもあって、民具の考え方は民俗資料を取り扱う文化財保護行政や博物館の活動の中で運用されています。最近は1960年代から1970年代にかけての高度経済成長期の生活文化を捉え返すという脈絡で、同時代の生活用具が、家電製品も含めた民具研究として進められつつあります。ただし、どちらかというとモノの伝承的な側面や歴史的な変遷に関心が向けられていることが多いようです。こうした民具の研究に対して、現代の消費生活に関わるあらゆるモノを生活財と捉えて研究していくという立場もあります。これは建築学者で生活学を提唱した今和次郎（1888-1973）の考現学を発展したもので、疋田正博の「生活財生態学」がよく知られています（商品科学研究所・CDI編『生活財生態学―現代家庭のモノとひと』リブロポート，1980）。もちろん、モノを扱った研究はこれらの分野に留まりません。道具学や生活学、社会学や文化人類学など、考古学でも行われており、様々なアプローチがあります。

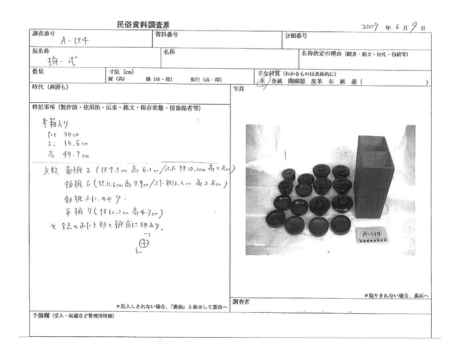

　上の図は、ある自治体の民俗文化財の調査で用いられる調査カードです。

　記入項目を見ると、名称、寸法、主な材質、時代、特記事項として、製作法・使用法・伝来・銘文・保存状態・情報提供者、写真などがあります。こうしたフォームはどこの自治体でも博物館でもだいたい同じです。裏面に方眼紙が印刷されていて、実測図やスケッチを描くこともあります（→第3章：民具の実測図）。

　少し学史に触れておきます。先ほどの渋沢敬三は日本の近代資本主義の父として知られる渋沢栄一の孫です。日本銀行総裁や大蔵大臣といった公職をつとめますが、柳田国男と並んで、民俗学をリードした人物です。食に関することでは古代の『延喜式』に記載された水産物の分析をはじめ魚名や漁業史の研究を切り拓いたことも特筆されます。渋沢はアチック・

ミューゼアムという博物館を兼ねた研究所を立ち上げ、仲間とともに共同
研究を推し進めました。その成果は膨大な報告書として出版されました。
例えば、民具について『民具問答集』や『所謂足半(あしなか)に就いて
(予報)』などを挙げることができます。「アチックミューゼアムノート第
一」として刊行された『民具問答集』はアチック・ミューゼアムに集まっ
た民具100点余りを対象に、資料の寄贈者や採集地の人々に質問状を送付
し、その回答状を取りまとめたものです。『所謂足半(あしなか)に就い
て(予報)』は雑誌『民族學研究』に掲載されたもので、アシナカ草履に
ついて、総合的に研究したものです。そこでは絵巻物に描かれたアシナカ
草履の検討や、表面観察からわからないアシナカ草履の編み込みについ
て、レントゲン写真を撮影して分析するなど漸新な手法がとられました。
アチック・ミューゼアムでは現地調査の際に、写真を撮影するだけでな
く、当時はまだ珍しかった16ミリフィルムカメラも持ち込んで、記録映画
も製作しました。このように現地調査や文献調査はもとより、民具や絵
画、写真や映画なども駆使して、庶民の暮らしの研究につとめました。そ
の研究はいわば非文字資料を扱った研究の原点ともいえます。なお、収集
された民具は1974年、大阪の日本万国博覧会跡地に国立民族学博物館が設
立されるにおよび、その基礎資料として引き継がれました。一方、写真資
料や映像資料(動画)、絵画資料などは神奈川大学日本常民文化研究所に
引き継がれています。ちなみに、同研究所には非文字資料研究センターが
設けられ、その研究拠点となっています。

　非文字資料の対象は無限に広がっていると書きました。とはいえ、これ
まで民俗学とその隣接分野で、主に研究されてきた非文字資料には、①モ
ノ資料、②絵画資料(→第3章:駅弁掛け紙)、③映像資料(→第3章:
資料としての写真・映像資料を調べる)、④地図資料(→第3章:民俗地
図)の4つがあるようです。食に関わる研究の中で、これらの非文字資料
をどのように調査したり、分析したりすればよいのか、また、それを使っ

てどのような研究ができるのかを第3章、第5章で紹介していきたいと思います。

本書で取り上げる非文字資料

　文字資料以外の全てが非文字資料となり得るとはいえ、本書で取り上げる食に関わる非文字資料はかなり限定的です。ほんのわずかな事例を示したにすぎず、偏りもあります。非文字資料とはいえ、文字情報も多分に含んでいます。絵画資料など歴史資料と重なるところはそちらを参照してください。

留意しておいてほしいこと

　民俗文化財の調査カードで示したように、モノには文字情報をともなうものが少なくありません。例えば、唐箕や万石とおしなどの農具には、新調した年月や製造者の名前、あるいは地名などの墨書がしばしば見られます。こうした文字情報は調査研究の有力な手掛かりとなりますので、注意しましょう（→第3章：郷原漆器・民具の実測図）。それから、アチック・ミューゼアムの研究手法で説明したように、非文字資料の研究は総合的に行われます。モノ資料の研究も観察によって引き出せる情報だけで終始するわけではありません。聞き取りを含む現地調査や文献調査も必要です（→第4章：包丁塚・発祥地碑を読む）。

　本書で扱わない（扱えない）非文字資料として、食の研究にとって不可欠の味や匂い、香り、手触り、温かさ、冷たさ、音や声、明るさ、冷たさ、おいしさといった、五感で知覚されるものがあります。もちろん、これらも本書で取り上げる非文字資料に、なんらかの形で表現されていれば、扱えますが、五感で知覚されるものそれ自体は、官能評価や成分分析などの実験をとおして、数値化してやらねばなりません。ともかく、私たちが目指している「食科学」は未開拓の研究領域といっても過言ではあり

ません。その研究のためにはあらゆる資料を動員しなければならないこと
を留意して欲しいと思います。

3．歴史資料編

歴史資料とはなにか

　この節では、食科学を学ぶ上で必要となる歴史資料について概説します。

　さて、みなさんは、「しりょう」という言葉を聞いた時、どのような漢字を思い浮かべますか。PC で「しりょう」と入力してみると資料・史料・試料・飼料・・・と、いくつもの「しりょう」が候補にあがってきます。ここでは、それらの「しりょう」の中から、資料と史料に注目し、両者の関係性を説明することで、歴史資料の概要にせまりたいと思います。

　まず、「資料」という言葉を辞書で調べてみると、「何かを調べる際に必要となる材料」だと書かれています。一方、史料という言葉を調べてみると、「歴史を調べる、編集する際に必要となる材料」という説明があります。つまり、この内容を踏まえて考えてみると、研究するために必要となる材料という意味では、どちらも同じということになります。ただし、「歴史を調べる」ために必要となる材料を、特に「史料」と呼ぶということがわかります。

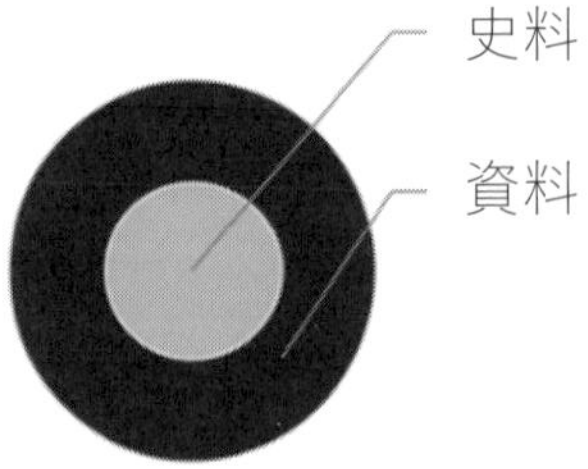

　両者の関係を図にしてみましょう。このようになります。

　つまり、史料は資料の一部であるということになります。では、歴史を調べるためには、どのような史料を見つければいいのでしょうか。それについては、第4章、第

図1　史料と資料の関係

5章で具体的に紹介します。

　さて、「歴史を調べるための素材となるもの＝史料」であることがわかりましたが、そもそも歴史を調べるための素材というものを、どこでどのように見つけて、いかなる方法で活用すれば良いのでしょうか。私たちの日々の生活の回りには、モノがあふれています。それらのモノの中で、どのようなものが資料や史料になりうるのでしょうか。

　私たちが研究する際に必要となる資料は、もとからそれであったわけではありません。ありふれている「モノ」が研究材料となった時、初めてモノは資料となるのです。逆に言うならば、どのように素晴らしい研究素材であったとしても、研究する者がそれをうまく評価、あるいは扱うことができなければ、単なる「モノ」であり、単なる「モノ」であったとしても、それを研究材料として扱う術があるならば、「モノ」は立派な資料ともなりうるわけです。要するに、モノが資料たる所以は、それを扱う人間の「資料を見極める目」に関わっているわけです。

　史料には、どのようなものがあるのでしょうか。ここでは、史料の種類と分類について、基本的なことを整理します。

　まずは、史料の種類について。一口に史料の種類といっても、素材や形状、書かれて（描かれて）いるものによって、様々な分類ができます（図2）。歴史を明らかにするための手がか

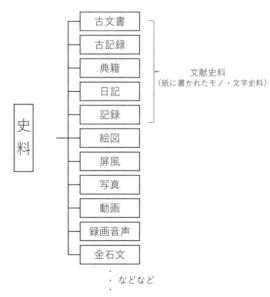

図2　史料の主な種類と分類

りとなる史料は、大きく分けて、文字と文字以外で記されたものがあります。文字以外の史料とは、物体として存在し、そこから歴史を読み解ける史料です。例えば、絵図や屏風（文献史料にも含まれる）などの絵画史料、遺跡や古墳から出土する考古遺物や、生活道具などの民俗史料です。民具史料については、第3章で取り扱います。

　文字で記されたものを、文献史料といいます。文献史料とは、書かれている文字の内容のみならず、材質や形状、残存の状況等から歴史を明らかにする材料となる史料全般を指します。史料それぞれの内容については、後述しますが、文字や図で記された史料は、過去の歴史を知るための主たる材料とされています。

　また、歴史資料は、どこに所在しているかによって、分類も異なってきます。例えば、博物館等社会教育機関に所蔵されているものは、その機関のルールにのっとった分類がなされます。また、一次資料・二次資料の種別もなされます。

本書で取り上げる歴史資料

　本書の第4章、第5章では、歴史資料の具体例を挙げながら、それらの性格や調べ方を解説します。第4章では、見立番付、名所図会、絵葉書、教養本・専門書、新聞、浮世絵・錦絵、料理、古文書を事例に、まずはどのような史料があるのかを、読者のみなさんに知ってもらうことを目的に、食の歴史を調べる手がかりとなる歴史資料の性格、活用法、入手方法を示しています。なお、先に示した通り、歴史資料は「歴史を調べるための素材」全てを含みます。しかし、それらの全てを本書で説明することはできませんので、本書では、特に「食」の歴史や文化を調べる際に活用し得る資料を中心に紹介しています。

　次に、第5章では、日記・物語・絵図などいくつかの歴史資料を事例にして、1つの事柄を深く探る方法の「入り口」を紹介しています。どのよ

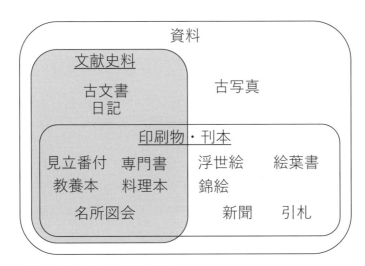

図3　本書で紹介する歴史資料

うな方法で調べるのか、調べて見つけた資料の内容を踏まえて、研究に発
展させることができるのか、そのきっかけを紹介しています。

　本書で取り上げている資料を図にしたものが図3です。歴史を知るため
の材料となる資料は、これだけではありませんが、今回は特に皆さんが、
ウェブ上でアクセスできたり入手することができる資料を中心に紹介しま
す。

留意しておいてほしいこと

　本書で取り上げている歴史資料は、ウェブ上で検索可能あるいは、ウェ
ブ上でダウンロード可能なもののみで構成しています。これらを有効に活
用して研究を進めることは、研究のスピードアップには必要なことです。
なぜなら、本物の歴史資料を実際に手にとって、目で見て調査を行うため
には、いくつもの手続きやそれにかかる日数が必要だからです。また、1
日に何点以内という閲覧についての条件がある所蔵機関の資料を見るため
には、それだけの日数や時間、滞在費用もかかってくるからです。です

が、実際に研究を進めて行く場合、そうまでしても実物を見ることを、研究者は惜しみません。なぜなら、歴史資料は、実際に見てみないとわからないこと、見てみて初めてわかることがとても多いからです。ですので、ここで留意してほしいことは、本書で取り上げた、歴史資料へのアプローチの仕方は、研究のための1つの方法であって、それが全てではないということです。

　もちろん、データベースをうまく活用すれば、1つずつ資料を手作業で調べるよりも、早く疑問が解決できます。データがウェブ上で公開されているものがあれば、それを使用して、研究を進めることも問題はありません。ただ、実物を見なければ解明できない点を論じる際には、実物を見に行く努力は決して惜しまないでほしいということです。

　次に、もう1つの留意点は、ネットで公開されている歴史資料の利用の仕方です。歴史資料は、まさしく「一点もの」です。過去に作成されたものは、壊れてしまうと元に戻すことはできません。また、個人で所有されているものも多くあります。そういう意味では、安易に価値づけできるものではありません。それらの歴史資料の写真は、利用に条件がつけられていることが多いです。使用に当たっては、必ずそのルールを守ることを心がけてください。

　本書を通して資料・史料の正しい見つけ方、調べ方を身につけて、食についての研究を深めてもらえることを期待しています。

文字資料のそれぞれと入手方法

1. 事典・辞書そして インターネット

　文字資料を探そうとした時に、一番最初に思い浮かぶのがこれかもしれません。かつては何かを調べる時に事典や辞書を引くというのが一般的でしたが、いまはインターネット検索が主流といえます。

資料の写真や図解

図1　食に関わる事典や図鑑の類は、本文中に示した以外にも数え切れないくらい存在します。さらにインターネット上の関連するサイトとなると、膨大な量になります。その全てを把握することは不可能です。むしろ、ここではそれらを効果的に利用できる能力を身につけてもらいたいと思います。

図2　クックパッドのトップページです。ここからおなじみのレシピにアクセスすることもできますし、献立から逆引きすることもできます。また、動画を選択すれば、数多くの食材や料理をみることができます。同様の機能は携帯端末のアプリでも展開されており、有力な食に関わる検索サイトということもできます。

図3　とりあえずここから始めてみる。決してそれは間違いではありません。

図4　お馴染みの Wikipedia で食品を検索したところです。ここに示されたことを鵜呑みにしてくださいとはいいません。しかし、一般的に食品がどのように捉えられているのかという目安にはなります。

どんな資料なの？

　食べ物に関する事典や辞書はたくさんの分野で様々なものが出ています。例えば、生産に関わる部門では「作物学事典」（朝倉書店）、「農業経済学事典」（丸善出版）、「熱帯農業事典」（養賢堂）、流通・加工などに関わる部門では「食品産業・流通用語事典」（日本食糧新聞社）、「食品製造に役立つ食品工学事典」（恒星社厚生閣）、消費に関わる部門では「食品大百科事典」（朝倉書店）、「あたらしい栄養事典」（日本文芸社）、「理論と実践の調理学辞典」（朝倉書店）などなど枚挙にいとまがありません。図1はその一端です。ただし、かなり専門的なものもありますので、近くの本屋さんや図書館で気軽に手に取ることができないものもあります。また、一般的に辞書の類は禁帯出のことも多々あります。そうした場合は、CiNii（国立情報学研究所の運営する学術情報データベース）などを利用して、どの大学やどの図書館に所蔵されているのかを確認して、閲覧を試みてください。

　一方で、これら冊子体の事典や辞書に代わって、近年は電子媒体やインターネット上の事典や辞書も広く普及しています。Wikipedia はその代表的なものということもできます。また、食べ物に関わっては大手製薬会社の第一三共がインターネット上で展開する「e 食材辞典」などもあり、そこでは数千の食材の数千のレシピにアクセスすることができます。また、単なるレシピだけではなく、旬の時期や食材の原産地や由来、選び方や保存方法なども広くカバーされています。同様のサイトの他に、「ぐるなび」や「食べログ」のようなグルメサイトや図2に示した「クックパッド」のようなレシピサイトもおなじみです。これらは厳密には辞書・辞典とはいえないかもしれませんが、検索語から必要な情報を提供するという意味では、インターネット上の強力な情報源となります。

どのように活用するの？

　事典や辞書やインターネットを利用して、自身が研究対象としているものについての一般的な情報を集めていくことは、基本的な作業ということになります。最初の一歩でもあり、迷った時に確認する手立てでもあります。広い視野を忘れずに、貪欲に吸収してください。その一方、偏った情報収集に陥ってしまうとその後の研究がたちいかなくなるので、注意してください。

どうしたら入手できるの？

　冊子体の図書の入手方法についてはあえていうまでもないでしょう。インターネット検索を辞書や事典がわりに使うのは一般的です。図3の画面から任意のキーワードを入れて、辞書や事典がわりに使うのは決して間違いではありません。また、図4で示したインターネット百科事典のWikipediaから情報を得ることも、誰もが何度も経験していることでしょう。と同時にそれを利用する際の問題やリスクについても何度も説明を受けてきたでしょう。ここではもうそれは繰り返しませんが、留意点さえわきまえれば、その利用価値は十分にあります。

　一方で、これ以降の2.〜9.で紹介する公的な文字資料については一定の責任のもとで収集、編集された資料です。その意味では、ある程度信用のおける資料ということができます。ただし、その資料をどう読み解くのかということはそれを利用する皆さんにかかっています。それはWikipediaを利用する際の留意点と同じともいえます。

2．行政機関ホームページ

　ネット情報は信頼性に欠けるということはよく指摘されます。そうした中で信頼性の高い情報を得ようとする時に、省庁のサイトを利用することは効果的です。

資料の写真や図解

図1　これは農林水産省のトップページです。メインメニューの「会見・報道・広報」からはリアルタイムの農林水産行政の動向を把握することができますし、「政策情報」からは農林水産行政がどのような理念のもとで何を目指しているのかを把握できます。また、「統計情報」からは日本の農林水産業に関わる様々な統計を入手することができます。

図2　こちらはメインメニューから「政策情報」をクリックしたものです。テーマごとにわかりやすく整理されています。ここから目的の資料にアクセスしてください。他の省庁についてもほぼ同様のページの設計がされています。

✎ 政 策

組織別から探す

逆引き事典から探す ⎘

大臣官房

- 食料・農業・農村基本計画
- 攻めの農林水産業
- TPP（国内対策）
- 日EU・EPA（国内対策）
- 技術政策
- 食料安全保障
- 環境政策
- 再生可能エネルギー
- バイオマス
- 災害に関する情報
- MAFFアプリ
- 地方農政局等の取組

新事業・食品産業部

- 食品産業(全般 / 流通)
- 食品産業(製造 / 外食・食文化)
- 新事業創出 / SDGs×食品産業
- 中小企業等経営強化法による支援
- 農林漁業の6次産業化
- 農林漁業成長産業化ファンド
- 地産地消・国産農産物の消費拡大
- 食品産業の「働き方改革」
- 栄養改善の国際展開
- 商品先物取引
- 卸売市場
- JAS(日本農林規格)
- 食品企業の安全・信頼対策
- FCP(Food Communication Project)
- 食文化のポータルサイト

統計部

- 統計情報
- 図書館情報

検査・監察部

- 訓令・通知
- 検査マニュアル等
- 意見申出制度及び検査モニター制度
- 農業協同組合法に定める要請検査
- 検査方針・研修実績等

消費・安全局

- 消費者のみなさまへ
- 消費者の部屋
- 食品の安全確保
- 生産資材の安全確保
- 家畜防疫
- 動物検疫
- 植物検疫
- 獣医師、獣医療
- 米トレーサビリティ・食品表示
- トレーサビリティ
- リスクコミュニケーション
- 健康な食生活
- 食育の推進

輸出・国際局

- 輸出本部
- 農林水産物・食品輸出プロジェクト（GFP）（外部リンク）
- 輸出相談窓口
- EPA利用早わかりサイト
- EPA/FTA等
- 関税制度
- 日本食・食文化の海外発信
- グローバル・フードバリューチェーン（海外展開支援）
- GI・知的財産
- 品種登録
- 海外農業情報・貿易情報

農産局

- 米（稲）・麦・大豆
- 野菜・果樹・花き
- 蚕糸・茶・薬用作物・こんにゃく・いぐさ（畳表）・その他
- 甘味資源作物・いも類・そば・なたね
- 水田農業の高収益化の推進
- 経営所得安定対策
- 農業用ドローンの普及拡大
- 産地の収益力強化
- 農業生産工程管理 / GAP-info
- 普及事業 / 農業支援サービス
- 農業生産資材 / 農作業安全対策
- 環境保全型農業 / 有機農業
- 地球温暖化対策

農林水産技術会議

林野庁

水産庁

図3　こちらはトップページをスクロールしたら出てくる組織別の検索メニューです。ここから階層を辿って必要としている情報にアクセスしてみてください。「役所でたらい回し」はよく聞きますが、必要な情報はどのセクションにあるかを想定して、探してみましょう。たらい回しでロビーをうろうろするよりずっと効率的です。

どんな資料なの？

　各省庁では、国の行政機関としてお墨付きのある様々な文字資料を公開しています。農産物の生産量や漁獲量など農林水産業に関わることは農林水産省、食品加工業者や食料品店などに関わっては経済産業省、農産物貿易は財務省、国民の栄養状況に関わっては厚生労働省など、多くの機関が食べ物に関する情報を公開しています。これらの情報を利用しない手はありません。また、少なくとも国の機関の提供する情報・資料であれば、信頼性は担保されているともいえます。

　他にも、中央省庁のみならず都道府県や市町村などの地方公共団体も同様のサイトを整備しています。そこから当該地域の農業生産額や、加工食品の出荷額などに関わる資料、あるいは地域農政がどのような問題を抱え、どのような将来像を描いているのか、どのような食育の取り組みをしているのかなどを把握することもできます。

　前ページの図1は代表例としての農林水産省のトップページを示しています。とりあえずここから入ります。最初はどこにいけば欲しいデータが手に入るのかわからず戸惑うかもしれませんが、サイトの階層構造をなんとなく理解できれば、そんなに難しいことはありません。次の図2はメインメニューから「政策情報」をクリックしてそれぞれ表示させた画面です。ここからテーマごとに下位の階層につながっています。自分の必要な情報はどのテーマ、どのカテゴリーに含まれていそうなのかということを念頭にネットサーフィンの要領で、中に入って行ってみましょう。また図3はトップページ下部にある組織別のメニューです。役所の中のどの担当部署に行こうとしているのかということをイメージしながら、必要な情報を探してみてください。林野庁や水産庁にもつながっています。

　他の中央省庁や都道府県、市町村でも同様のページが作られています。概ね同じようなウェブの設計に従って作られています。それに慣れてしま

えば、必要なデータに要領よくアクセスできるようになります。行政機関のネットサーフィンを楽しんでみてください。

どのように活用するの？

国の行政機関や地方公共団体が公開している食べ物に関わる情報は多岐にわたります。限られた紙数でとてもその全容を紹介することはできませんが、ここではとりあえず、行政機関のサイトを渉猟すると、読者の関心のある何らかの資料、しかも信頼性の高い資料を入手できる可能性が高いということを知っておいてください。

以降のページで、「農林業センサス」や「貿易統計」など、その中のいくつかを取り上げます。ただしそれは氷山の一角に過ぎません。ここで紹介しきれない膨大な文字資料がそれらのサイトにあるということを認識してください。積極的に活用しましょう。また、次ページ以降で紹介するe-Statを用いれば、統計情報に素早くアクセスすることもできますが、政策や課題などの文章で書かれた情報や各種の報告書などを渉猟しようとする場合は、むしろ行政機関や地方公共団体のサイトをチェックする必要があります。

どうしたら入手できるの？

まずは省庁や地方公共団体などのサイトにアクセスしてみてください。そこに示されるメニューから関心のある事項に進んでみてください。あるいは関心のある事項と省庁の名称で絞り込んで検索するのも方法です。

3．食料・農業・農村基本法
——法律を調べよう

　農業や食品関係の法令もたくさんあります。もちろんそれらは文字資料ということができます。ここでは e-Gov を使って、食や農に関わる法令を調べる方法を身に付けます。

資料の写真や図解

図1　e-Gov のトップページです。ここから法令検索を選択します。

図2　実際に食料・農業・農村基本法のページを検索して開いたところです。このような形で様々な法令を読むことができます。

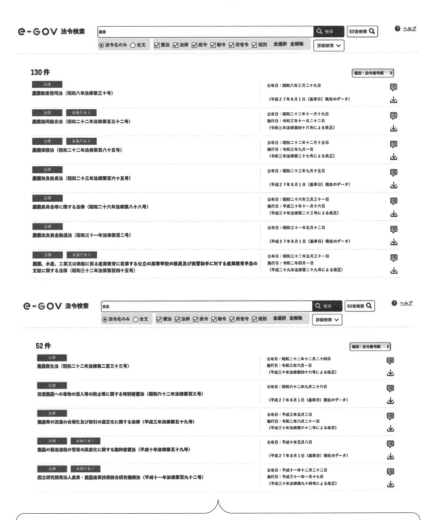

図3　上図は e-Gov から「農業」をキーワードにして法令を検索したものです。130件が検索結果として返されました。同様に「食品」で検索すると52件が返されました。このように農業をはじめとして、食べ物に関わる法律はたくさんあります。また、それらに簡単にアクセスできる仕組みも整えられています。

どんな資料なの？

　食や農に関わる法律は様々なものがあります。ここでは食料・農業・農村基本法（新基本法）を取り上げてみましょう。同法は変化する社会経済の中、それまでの農業基本法を見直し、1999年に制定されたものです。旧農業基本法が戦後の経済の成長する中で、農業と他産業の格差をどのように是正するのかを目指したものだったのに対し、新基本法では農業者だけではなく、国民全体に関わる法律となっています。食や農に関わる法令はたくさんありますが、同法はそうした中でも基本となる重要な法律の1つといえます。食や農の研究をするのならば、原典を参照して、いつでも読めるようにしておいてください。

どのように活用するの？

　法律の文書はなんとなく難しいように思うかもしれませんが、コツさえつかめれば読みこなすのは難しいことではありません。逆に、どこに何が書いてあるのかは明示されているので、わかりやすいともいえます。図2を見てもらえれば、どの章のどの条文には何が書いてあるかひと目でわかると思います。例えば、この法律がどのようなことをしようとしているのかは第2章の基本的施策に、どのような細かなルールが決められているのかは附則に書かれているわけです。それらを読むことでこの法律が作られた背景や何をしようとしているのか、などを読み取ることができるのです。

　そしてそれはこの法律に限ったことではありません。例えば農地に関しては農地法、食品衛生に関しては食品衛生法、栄養士や調理師に関しては栄養士法や調理師法、食育については食育基本法などなどたくさんの法律があります。他にも米穀については、米穀の新用途への利用の促進に関する法律や米穀等の取引等に係る情報の記録及び産地情報の伝達に関する法律、お酒については酒税法や未成年者飲酒禁止法、塩については塩事業

法、野菜については野菜生産出荷安定法など、特定の食べ物についても皆さんの食生活を支え、密接に結びついた法律が実はたくさんあります。関心のある領域の法律をチェックしてみてください。

どうしたら入手できるの？

法令を読もうと思ったら総務省行政管理局の運営するポータルサイトであるe-Govを利用します。e-Govは法令の検索だけではなく、図1に見るように文書管理や電子申請などの窓口にもなっています。法律だけではなく、膨大な行政文書を調べることもできます。

図3は実際にe-Govの検索機能を利用して、「農業」と「食品」を検索語として結果を表示したものです。関係する多くの法令が示されました。みなさんも自身の関心事を検索語として試してみてください。

この資料を使った研究成果の例

荒木一視（2012）輸入食品をめぐる「食料の質」に関する一考察―輸入食品監視統計の分析から―。山口大学教育学部研究論叢　第1部・第2部61巻、25-38頁。

直接的に法令の文言を検討しているわけではありません。ただ、みなさんご存知のように「食品衛生法」という重要な法律があります。同法27条の輸入届出が定められ、監視指導が行われます。その結果を示したのが「輸入食品監視統計」となります。この論文はそれに基づく論考ですが、後述する諸統計や新聞といった文字資料を掛け合わせた研究成果ということもできます。色々な文字資料を組み合わせてみましょう。

4．農林業センサス
——農業について調べるならばまずここ

　農林業センサスとは5年おきに行われるセンサス（悉皆調査）で、農業の実態を把握するための基礎資料とされるものです。

資料の写真や図解

1. 農林業経営体_調査客体
2. 農林業経営体_組織形態別経営体数
3. 農業経営体_組織形態別経営体数
4. 農業経営体_農産物販売金額規模別経営体数
5. 農業経営体_農産物販売金額1位の部門別経営体数
6. 農業経営体_農業経営組織別経営体数
7. 農業経営体_農業生産関連事業を行っている経営体の事業種類別経営体数
8. 農業経営体_経営耕地の状況
9. 農業経営体_経営耕地面積規模別経営体数
10. 農業経営体_経営耕地面積規模別面積
11. 農業経営体_借入耕地のある経営体数と借入耕地面積
12. 農業経営体_貸付耕地のある経営体数と貸付耕地面積
13. 農業経営体_農業用機械の所有経営体数と所有台数
14. 農業経営体_経営者・役員等
15. 農業経営体_常雇
16. 農業経営体_臨時雇
17. 農業経営体_販売目的で作付け（栽培）した作物の類別作付（栽培）経営体数
18. 農業経営体_販売目的で作付け（栽培）した作物の類別作付（栽培）面積
19. 農業経営体_家畜等を販売目的で飼養している経営体数と飼養頭羽数
20. 農業経営体_農作業を受託した経営体の事業部門別経営体数
21. 農業経営体_水稲作受託作業種類別経営体数と受託作業面積
22. 販売農家_経営耕地面積規模別経営体数
23. 販売農家_経営耕地面積規模別面積
24. 販売農家_耕作放棄地のある農家数と耕作放棄地面積
25. 販売農家_主副業別農家数
26. 販売農家_専業別農家数
27. 販売農家_後継者の有無別農家数
28. 販売農家_後継者の有無別経営地面積
29. 販売農家_年齢別の農業従事者数
30. 販売農家_年齢別の農業就業人口
31. 販売農家_年齢別の基幹的農業従事者数
32. 販売農家_平均年齢
33. 総農家等_総農家数
34. 総農家等_経営耕地のある農家数と経営耕地面積（総農家、自給的農家）
35. 総農家等_耕作放棄地のある農家（世帯）数と耕作放棄地面積（総農家、自給的農家、土地持ち非農家）
36. 地域調査_DIDまでの所要時間
37. 地域調査_耕地面積
38. 地域調査_寄り合いの開催状況
39. 地域調査_実行組合の有無
40. 地域調査_地域資源の保全
41. 法制上の地域指定

1.農林業経営体_調査客体【外部リンク】

01 北海道（エクセル：657KB）	02 青森県（エクセル：191KB）	03 岩手県（エクセル：341KB）	04 宮城県（エクセル：267KB）	05 秋田県（エクセル：269KB）
06 山形県（エクセル：266KB）	07 福島県（エクセル：408KB）	08 茨城県（エクセル：383KB）	09 栃木県（エクセル：321KB）	10 群馬県（エクセル：209KB）
11 埼玉県（エクセル：430KB）	12 千葉県（エクセル：360KB）	13 東京都（エクセル：56KB）	14 神奈川県（エクセル：181KB）	15 新潟県（エクセル：493KB）
16 富山県（エクセル：228KB）	17 石川県（エクセル：201KB）	18 福井県（エクセル：184KB）	19 山梨県（エクセル：167KB）	20 長野県（エクセル：460KB）
21 岐阜県（エクセル：313KB）	22 静岡県（エクセル：357KB）	23 愛知県（エクセル：360KB）	24 三重県（エクセル：233KB）	25 滋賀県（エクセル：167KB）
26 京都府（エクセル：189KB）	27 大阪府（エクセル：162KB）	28 兵庫県（エクセル：400KB）	29 奈良県（エクセル：173KB）	30 和歌山県（エクセル：173KB）
31 鳥取県（エクセル：168KB）	32 島根県（エクセル：377KB）	33 岡山県（エクセル：448KB）	34 広島県（エクセル：515KB）	35 山口県（エクセル：394KB）
36 徳島県（エクセル：216KB）	37 香川県（エクセル：360KB）	38 愛媛県（エクセル：405KB）	39 高知県（エクセル：323KB）	40 福岡県（エクセル：359KB）
41 佐賀県（エクセル：190KB）	42 長崎県（エクセル：278KB）	43 熊本県（エクセル：405KB）	44 大分県（エクセル：323KB）	45 宮崎県（エクセル：258KB）
46 鹿児島県（エクセル：537KB）	47 沖縄県（エクセル：88KB）			

ダウンロードTop

図1　農林水産省のサイトから、統計情報＞地域の農業を見て・知って・活かすDB＞農林業センサス＞2015年農林業センサスを選択した画面です。冒頭の概要の記載（上図）の末尾の「ダウンロード」と記されているところにぶら下がっているのが、右上図になります。ここに記されている1から41の項目ごとに、各都道府県のデータがまとめられています（右下図）。なんとなく膨大なデータが蓄積されているのが想像できるでしょうか。いくらでも使っていいのです。

新 田 市 区 町 村	コード	総農家 計 農家数	総農家 計 面積	販売農家 農家数	販売農家 面積	自給的農家 農家数	自給的農家 面積
道 計	000-00	50,891	942,368	43,830	941,271	7,061	1,097
石 狩 支 庁	01	3,626	34,357	2,844	34,225	782	132
渡 島 支 庁	02	3,108	17,387	2,021	17,238	1,087	149
檜 山 支 庁	03	1,787	15,236	1,324	15,172	463	64
後 志 支 庁	04	3,266	26,517	2,781	26,442	485	75
空 知 支 庁	05	9,283	103,171	7,974	102,960	1,309	211
上 川 支 庁	06	8,934	102,856	7,688	102,655	1,246	201
留 萌 支 庁	07	1,256	29,969	1,077	29,939	179	30
宗 谷 支 庁	08	967	42,793	654	42,759	313	34
網 走 支 庁	09	5,223	137,954	4,883	137,895	340	58
胆 振 支 庁	10	2,414	24,525	2,048	24,465	366	60
日 高 支 庁	11	2,121	26,550	1,824	26,501	297	49
十 勝 支 庁	12	6,050	209,901	5,925	209,877	125	24
釧 路 支 庁	13	1,375	72,090	1,310	72,079	65	10
根 室 支 庁	14	1,481	100,064	1,477	100,063	4	1
札 幌 市	100-00	985	1,994	630	1,936	355	58
中 央 区	101-00	X	X	8	5	X	X
札 幌 市 6 - 1	101-01	X	X	X	X	X	X
琴 似 町 4 - 1	101-02	X	X	X	X	X	X
北 区	102-00	193	755	126	744	67	11
札 幌 市 6 - 2	102-01	–	–	–	–	–	–
篠 路 村 2 - 1	102-02	118	613	89	609	29	5
琴 似 町 4 - 2	102-03	75	142	37	135	38	6
東 区	103-00	167	545	125	537	42	7
札 幌 市 6 - 3	103-01	X	X	3	7	X	X
篠 路 村 2 - 2	103-02	X	X	14	165	X	X
札 幌 村	103-03	138	370	108	365	30	5

図2　実際に e-Stat からダウンロードした農林業センサスの一部です。2010年の都道府県別統計書から北海道を選択し、その中の第1部：農林業経営体調査、総農家等の2：耕地の区分にある（1）経営耕地のある農家数と経営耕地面積のエクセルファイルの冒頭です。これ以下、市町村ごとの数値が掲載されています。

図3　農業集落カードのサンプルです。全部で4ページあるうちの冒頭ページの半分も示していませんが、集落カードには様々なデータが掲載されていることを理解してもらえると思います。

どんな資料なの？

　国内農業について資料を集める際の基礎となるのが農林業センサスで、その調査項目は多岐に渡ります。経営の態様、世帯の状況、農業労働力、経営耕地面積等、農作物の作付面積等及び家畜の飼養状況、農産物の販売金額等、農作業受託の状況、農業経営の特徴、農業生産関連事業、その他農林業経営体の現況など様々な観点からの統計数値がまとめられています。都道府県単位でまとめられたものを都道府県別統計書といいますが、おおもととなる調査は集落単位で行われ、集落単位での統計結果も公開されています。これを農業集落カードといいます。集落カードを使えば十数軒から数十軒の農業集落のデータを入手でき、農家調査や農村調査をする際の重要な情報を提供してくれます。

どのように活用するの？

　農林業センサスは農村や農家、農業に関わる包括的な調査で、その集計結果である都道府県別統計書や農業集落カードの活用方法は無限です。これを使わない手はありません。地域の農業の概要を知る上でも、あるいは高度な統計分析をする上でも当然知っておかなければならない資料です。

　農林業センサスは基本的な統計といえますが、他にも e-Stat（政府統計の総合窓口）を使えば、農林水産業関係の諸統計を入手することができます。例えば、漁業に関する基本統計となる漁業センサスをはじめ、農業経営統計調査、作物統計調査、畜産統計調査、食品産業動向調査、農林水産物輸出入統計など様々なものがあります。ここで全容を紹介することはできませんが、政府統計に関しては e-Stat を効果的に活用してください。

どうしたら入手できるの？

　都道府県別統計書は各地の図書館や大学で閲覧できるほか、e-Stat から

農林業センサスで検索すると膨大な数がヒットします。年度や都道府県など必要な項目で絞り込んでください。また、農林水産省の統計情報、農林業センサスからも辿れます。農業集落カードについてはかつてはマイクロフィルムで閲覧していましたが、いまは DVD-R で入手できます。また、e-Stat からは地図で見る統計（統計 GIS）、統計データ、農林業センサスで辿ることができます。

　図1は農林水産省のサイトから農林業センサスを辿ったところです。全国の農業に関わる膨大なデータベースが構築されていることがわかります。ここに示される1-41の項目ごとに47都道府県のエクセルファイルへのリンクが辿れます。41×47のファイルで、各エクセルファイルには1,000行を越えるデータが格納されています。

　図2は実際にエクセルファイルを開いた画面になります。ここでは経営耕地のある農家数と経営耕地面積を示していますが、同様の形式で日本中を調べることができます。さらに図3は最小の調査単位である農業集落ごとに取りまとめられた集落カードです。日本中に十数万ある農業集落ごとにこうしたデータセットが取りまとめられているのです。

この資料を使った研究成果の例

　仁平尊明・橋本雄一（2011）GIS と GPS を利用した農業の空間分析―農林業センサスのダウンロードから土地利用図の作成まで―。地理学論集　80巻、115-126頁。

　農林業センサスのみならず、その GIS 利用まで解説されています。

5．農産物市況情報
──農産物の取引を調べるなら

　統計などの官製の文字（数値）資料とは異なる民間ベースの数値資料の例を取り上げてみましょう。ここでは卸売市場で取引される農産物の市況に注目します。

資料の写真や図解

図1　東京都中央卸売市場＞市場取引情報のページ

野菜

品目	一日平均入荷量	前週比	前年同期比	取引	品種	産地	単位 Kg	価格 高値	価格 中値	価格 安値	前週比	前年同期比
だいこん	374	80	83	せり		千葉	10	1,404	972	864	100	
				相対		千葉	10	1,404	936	324	96	
かぶ	46	92	89	せり		千葉	0.8	194				
				相対		千葉	0.8	194	117	54	102	107
にんじん	256	96	126	せり		徳島	10	3,024				
				相対		徳島	10	3,024	2,538	756	99	119
ごぼう	14	81	55	せり		青森	4					
				相対		青森	4	3,024	2,664	540	104	569
キャベツ	780	89	100	せり		愛知	10	486				
				相対		愛知	10	1,296	468	216	98	87
レタス	230	79	101	せり		茨城	10	2,160		1,404		
				相対		茨城	10	2,484	1,188	324	108	73
はくさい	351	82	108	せり		茨城	15	864				
				相対		茨城	15	864	468	216	118	49
こまつな	50	88	100	せり		茨城	0.2	864				
				相対		茨城						
ほうれんそう	61	70	112	せり		群馬	0.2	140	86	65		
				相対		群馬	0.2	140	75	11	88	84

図2　東京都中央卸売市場の週間市況の例。卸売市場で取引される食料品は基本的にこのような形で取引情報が公開されています。

図3　インドの AgMarknet のトップページ　ここからインド中の農産物卸売市場でいつ何がどれだけ取引されたかを把握することができます。

図4　こちらは冊子体のものです。釜山市オムグン市場の発行する市場年報に相当するものです。図2と同様に、各品目ごとに、産地や入荷量、価格の情報が掲載されています。

図5　こちらは冊子になる前のコンピュータの出力紙に打ち出されたものです。北京市にかつて存在した大鐘寺市場で入手しました。

このような農産物市場の資料や台帳は、掲載している大都市のものだけではなく、地方の都市でもきちんと整備されています。そこには、「みんなの台所は自分たちが支えているんだ」という市場関係者の心意気を感じました。

月 成 交 量 统 计 表

制表单位：大钟寺农副产品批发市场　　　　　　　日期：2001年 9月

品 名	本 月成交量（公斤）	本 月成交额（元）	单 价（元/公斤）最高价	最低价	平均价	累计成交量（年度初至今）（公斤）	累计成交额（年度初至今）（元）
黄心菜						4248	3951.51
油料类	5035920	**********				44314335	958338689.76
葵花籽	2400	10560.00	5.00	4.00	4.40	1762080	8658528.00
西瓜子			5.56	4.80	5.17		
豆油	33600	169440.00	5.23	4.83	5.03	166440	871332.00
色拉油			6.06	6.00	6.00		
芝麻	144264	1192353.60	9.26	7.58	8.45	1103056	8523506.16
芝麻酱	143424	1337040.00	11.32	5.61	9.26	1163430	8925180.00
芝麻油	125724	1776312.00	20.42	11.58	14.26	1044600	15365904.00
核桃仁	152400	3747600.00	27.23	23.55	24.55	1248800	29502000.00
腰果	229056	7864248.00	39.35	30.90	34.45	1600674	59484060.00
开心果	153960	4002960.00	30.90	23.15	26.00	1429572	42038472.00
大杏仁	139260	3894600.00	30.65	26.10	28.26	1333289	34929748.80
松子仁	126000	3628800.00	39.55	18.45	28.39	1158019	41796691.20
花生果	166402	216039.60	1.50	1.20	1.30	680543	1470097.20
花生仁	188544	816600.00	4.96	4.01	4.39	4530228	20084496.00
大榛子	136800	3043200.00	25.52	20.45	22.48	1257624	25613280.00
生葵花仔	166800	872400.00	5.83	5.02	5.23	1290612	6349264.80
熟葵花仔	171600	1102560.00	7.13	5.96	6.43	1401612	9994629.60
黑瓜子	144000	744240.00	5.56	4.80	5.17	1165200	7217760.00
其他油料	2672256	80167680.00	55.87	20.00	30.00	21129816	622264080.00

制表人：李继农　　　　　　　　　　　　　　制表日期：2001/09/25

第 7 页

どんな資料なの？

　どの卸売市場でどのような農産物がどれだけ、いくらで取引されたのかという情報は基本的には公開されています。逆にそれがブラックボックスだと公正な農産物流通が成立しないともいえます。こうした取引の情報は各卸売市場から年報や月報、あるいは日報という形で刊行されています。かつては冊子体でしたが、いまではインターネット上で簡単にアクセスできるようになってきています。

　図1は東京都中央卸売市場の「市場取引情報」のトップページで、ここから日報や、月報、年報、週間市況などにアクセスできます。また図2は週間市況を例示したもので、品目ごとの入荷量や産地、価格などがわかります。同様の資料は多くの卸売市場で整備されつつあります。

どのように活用するの？

　こうした市況情報を利用することで、どの市場（消費地）がどのくらいの食料をいつ、どのくらいの価格で調達しているのか、また、どこから調達しているのかということなどを把握することができます。さらに日報、月報、年報などを使い分けることで日々の変化や月別、年別の変化を把握することも可能です。

どうしたら入手できるの？

　卸売市場には国が認可する中央卸売市場と都道府県が認可する地方卸売市場があり、前者は地方公共団体が開設、後者は市町村や民間企業あるいは第3セクターが開設しており、e-Stat などで国が統一的に管理しているわけではありません。それぞれの市場や地方自治体がそれぞれのホームページなどを使って（あるいは冊子体で）、公表しています。

この資料を使った研究成果の例

荒木一視（1999）インドにおける長距離青果物流動—デリー・アザッドプル市場を事例として—。経済地理学年報　45巻、59-72頁。

Araki, H. (2004) Fresh vegetable supply system at the Da-zhong-si Wholesale market in Beijing: in the context of commodity chain analysis（北京市大鐘寺青果物市場の生鮮野菜供給体系）。経済地理学年報　50巻、249-256頁。

荒木一視（2005）2000年における韓国の青果物供給体系—プサン市オムグン市場の分析を中心に—。人文地理　57巻、233-252頁。

荒木一視（2012）台湾の青果物生産・流通・貿易の地理的パターン。地理科学　67巻、24-42頁。

荒木一視（2009）九州の青果物卸売市場—農産物輸入拡大下の産地の中央卸売市場。山口大学教育学部研究論叢　第1部　59巻、15-33頁。

　1つ目はインド、2つ目は中国、3つ目は韓国、4つ目は台湾のそれぞれの青果物卸売市場の台帳のデータに基づいて作成した論文です。ちなみに5つ目は九州各地の中央卸売市場の発行する市場年報に基づいた成果です。これらの調査をした当時は実際に市場に出かけて、資料を入手していましたが（図4、5）、今ではそれらも簡単にウェブ経由で入手できるようになっています。食品市場は食べ物の宝庫でもありますが、同時に食品データの宝庫でもあります。実際の市場も、ホームページも訪ねてみてください。

6. 貿易統計
――農産物・食料貿易を調べようと思ったら

　輸入農産物のニュースを耳にすることも多いですが、ここではそうした貿易品に関する資料を入手してみましょう。

資料の写真や図解

図1「財務省貿易統計」から「貿易統計検索ページ」、さらに「普通貿易統計」を選択したところです。品別国別表、国別品別表などお目当ての統計表を探してください。

こちらでも丁寧に検索方法が示されています。また、各年度の統計品目表や各種コードも図1のページからリンクされています。

財務省貿易統計
Trade Statistics of Japan

トップページ	貿易統計検索ページ	統計表一覧	各種コード表	検索方法の説明	よくある質問

品別国別表：条件入力

[検 索] [リセット]

≫ 輸出入の指定　（輸出または輸入のどちらかを指定してください。）
　⦿輸出　○輸入
≫ 統計年月の指定　（統計年月の指定方法を選択し、表示される指示に従い条件を指定してください。）
　[単一年月 ▼]　[2021▼] 年 [9 ▼] 月
　▶ 年と月をそれぞれ選択してください。1月からの累計が累計欄に表示されます。
≫ 品目の指定　（品目の指定方法を選択し、表示される指示に従い条件を指定してください。）
　[参照指定 ▼]
　[　　　　　　　　　　　　　　　　　　　　　　　　　　] [参照]
　▶ 品目グループを指定してください。グループは横の参照ボタンで選択することができます。
≫ 国の指定　（国の指定方法を選択し、表示される指示に従い条件を指定してください。）
　[全対象指定 ▼]
　▶ 全ての国が対象になります。
≫ 表示件数の指定　（検索結果の表示件数の単位を指定してください。）
　[20 ▼]

Copyright(C) 財務省

> 図2　図1で「品別国別表」を選択したページです。「品目の指定」欄では HS コードがあれば効果的に対象のデータを入手できます。また、「国の指定」欄では全対象指定や地域圏指定、経済圏指定、州指定などが選択できます。必要に応じて利用しましょう。

> 図3　こちらは同じ貿易統計でも戦前の中国の貿易統計です。こういった資料は、電子化されていないものも多く、図書館などの所蔵先を丹念にあたる必要があります。ちなみにこれは北京大学の図書館で撮影したものです。

どんな資料なの？

　貿易統計は農産物や食品に限ったものではありませんが、農産物や食品だけが別統計になっているわけでもありません。ここでは汎用的な貿易統計を紹介します。財務省が管轄し、全ての貿易品目の状況がわかる基礎資料です。全品目に関して年月と国別に数量と金額がわかります。取り上げられる品目は「統計品目表」に従って、第1部第1類から第21部第97類まで細かく分類されています。農産物や食品はおおむね、第1部から第4部に含まれます。ここから必要とする品目をみつけてください。例えば、ナスは第2部　第7類：食用の野菜、根及び塊茎に、オレンジジュースは第4部　第20類：野菜、果実、ナットその他植物の部分の調整品という具合です。

どのように活用するの？

　財務省貿易統計は貿易に関わる基礎資料といえますが、それだけではありません。同サイトでは最近数十年分しか検索できませんが、それ以前に貿易統計が存在していなかったわけではありません。当然、戦前から外国との貿易は存在しており、それが記録されています。例えば明治15年の「大日本外国貿易年表」なども国立国会図書館のデジタルコレクションから閲覧できます。また、同様の資料は日本だけでなく他の国でも同様に統計資料としてまとめられています。必要に応じてアプローチしてみてください。

　加えて、財務省以外にも厚生労働省では「食の安全」の確保のために、輸入食品の監視業務を行っており、輸入食品監視統計をまとめています。そこでは検疫所ごと、品目ごとに輸入数量や検査数量、違反数量などが記されています。発展的に、こうした統計類も利用してみましょう。

どうしたら入手できるの？

　財務省貿易統計のページから普通貿易統計を選択、ここから品別国別表や国別品別表など目的にあったものを選びます。輸出、輸入、年度、品目などを入力すれば、結果が返されます。その際、貿易品目は上述のように「統計品目表」に従って細かく分類されています。品目表も貿易統計のページから入手できますので、あらかじめ目的とする品目の番号をチェックしておくと検索とデータの入手がスムーズに行えます。ちなみに、この番号は HS コードと呼ばれるもので、世界中で共通の番号が振られています。

この資料を使った研究成果の例

　荒木一視（1997）わが国の生鮮野菜輸入とフードシステム。地理科学52巻、243-258頁。

　荒木一視（2015）インドの園芸作物輸出—2000年代以降の新たな動向—。季刊地理学　66巻、176-192頁。

　荒木一視（2019）近代工業勃興期の中国の食料海外依存—『中國各通商口岸對各國進出口貿易統計』からみた1920年代の食料貿易—。季刊地理学71巻、53-73頁。

　1つ目は日本の生鮮野菜輸入のデータを使った論文、2つ目はインドの園芸作物の輸出のデータを使った論文です。さらに3つ目は戦前の中国の貿易統計を使った論文です。いずれも各国の貿易統計などを使った研究成果です。

7. 食品成分表
——行政機関の公表する基準となる数値

　日本食品標準成分表（食品成分表）は文部科学省が公表している食品成分に関するデータで、同省の食品成分データベースのページからもダウンロードすることができます。

資料の写真や図解

図1　日本食品標準成分表2020年版（八訂）の目次ページの冒頭部分です。「第1章　説明」が成分項目ごとに続き、その後「第2章　日本食品標準成分表」が69ページから248ページまで続きます。これが本体です。さらにその後に「第3章　資料」が続き、全体で600ページを超える大冊です。

図2　食事バランスガイド　詳細は農林水産省や厚生労働省のサイトから閲覧できます。これは日本のものですが、各国が同様のバランスガイドを作成しています。比較してみるのもおもしろいでしょう。

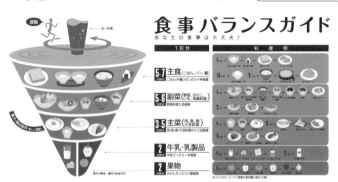

図3 文部科学省　食品成分データベースのトップページ　ここに何か食べ物の名称を入力して検索してみてください。

食品成分データベース
Food Composition Database

文部科学省
文字サイズ 標準 大 特大

| Home | 食品成分DBとは？ | 検索 | ヘルプ | お問い合わせ |

検索する食品を〈全角ひらがな、漢字、またはカタカナ〉で入力してください。

フリーワード検索　　　　　　検索　クリア

食品をいくつかのキーワードで絞り込みたいでき、キーワードに〈スペース1つ以上〉入力してください。
例「こめ」というキーワードを持つ食品の中から、「めし」というキーワードで絞り込みを行うことができます。

こめ、めし　　　　　　検索　クリア
スペースで区切る

編輯更新日：2021年4月1日

注意事項

本ホームページで検索されるデータは「日本食品標準成分表2020年版（八訂）」の値となりますが、七訂に準拠したカテゴリーでの表示となりますので、ご注意願います。今後、令和3年度中に改修を予定しています。

最新の日本食品成分表2020年版（八訂）は、こちらからも御参照出来ます。

食品成分データベース
Food Composition Database

文部科学省
文字サイズ 標準 大 特大

| Home | 食品成分DBとは？ | 検索 | ヘルプ | お問い合わせ |

検索　Search

検索結果表示　Retrieval result display

検索結果表示切替

◉ 一般成分-無機質-ビタミン類-アミノ酸-脂肪酸-炭水化物-有機酸等　可食部100g

脂肪酸	○ 可食部100g	○ 脂質1g	○ 脂肪酸総量100g
アミノ酸	○ 可食部100g	○ 基準窒素1g	○ たんぱく質1g
炭水化物（利用可能） 炭水化物、糖アルコール）	○ 可食部100g		
有機酸	○ 可食部100g		

食品追加 フリーワードで検索　食品追加 食品名の一覧から検索　食品削除　表示成分選択　重量換算　ソート　　ヘルプ　印刷

成分-食品棒グラフ　一般成分-食品グラフ　CSVダウンロード

ソートキー デフォルト表示成分 ユーザー選択成分

• (注意) 表示される値は、可食部100g当たりに含まれる成分を表す。

食品成分	廃棄率	エネルギー	水分	たんぱく質	脂質	炭水化物	灰分	食塩相当量	重量	削除
単位	%	kcal	g	g	g	g	g	g	g	
野菜類/きゅうり/果実/生	2	13	95.4	1.0	0.1	3.0	0.5	0	100	○
野菜類/きゅうり/漬物/塩漬	2	17	92.1	1.0	0.1	3.7	3.1	2.5	100	○
野菜類/きゅうり/漬物/しょうゆ漬	0	51	81.0	3.2	0.4	10.8	4.6	4.1	100	○
野菜類/きゅうり/漬物/ぬかみそ漬	2	28	85.6	1.5	0.1	6.2	6.6	5.3	100	○
野菜類/きゅうり/漬物/ピクルス/スイート型	0	70	80.0	0.3	0.1	18.3	1.3	1.1	100	○
野菜類/きゅうり/漬物/ピクルス/サワー型	0	13	93.4	1.4	Tr	2.5	2.7	2.5	100	○
TOTAL		192	527.5	8.4	0.8	44.5	18.8	15.5	600	

出典：日本食品標準成分表2020年版（八訂）
（）内の0以外の推定値は、TOTALに反映されません。

図4は試しに「きゅうり」と入力して検索結果を表示させた画面です。生か漬物か、さらに塩漬けかしょうゆ漬けかなどの区分ごとに、エネルギーや水分、たんぱく質などなどの成分がひと目でわかります。また、表示を切り替えたり、グラフを作成したり、もちろんデータのダウンロードもできます。

どんな資料なの？

　食品成分表はビタミンやミネラルなどの食品に含まれる栄養成分のデータベースの基礎となるもので、様々な場面での栄養食品表示や食事管理、あるいは給食事業などで使われるほか、食品学や栄養学をはじめ、医学や農学、醸造をはじめとした食品加工や冷凍を含めた工学など、幅広く食に関わる研究分野で必要とされるデータです。1936年の「日本食品成分総覧」以降、数字の改訂を繰り返して現在に至っています。図1は最新の日本食品標準成分表2020年版（八訂）の目次の一部です。2020年版は電子媒体、PDFやエクセルファイルで入手することができます。行政機関が取りまとめた数値ですが、これまでに示した統計とはやや性格が異なる側面があります。いわば、行政機関の示す基準値のような数値（文字資料）です。

　また、食品成分表ではありませんが、厚生労働省が作成する「日本人の食事摂取基準」というものもあります。これは健康な生活を送るためのエネルギーや栄養素の摂取量の基準で、5年ごとに改訂されています。同様に、平成12年に厚生労働省と農林水産省、文部省（当時）が共同で策定した「食生活指針」、平成17年に厚生労働省と農林水産省が共同で作成した「食事バランスガイド」（図2）というものもあります。

どのように活用するの？

　同様のものは外国にもあり、例えばアメリカ合衆国ではUSDA National Nutrient Databaseが食品成分表に当たります。USDAはUnited States Department of Agricultureでアメリカ合衆国農務省国民栄養データベースと訳すことができます。また、「食生活指針」に関わっても、各国が同様の指針を示しています。

　同様に食品成分や栄養という部門ではありませんが、こうした基準とな

る数値の表（シート）は他にもあります。例えば農林水産省が刊行する食料需給表はその代表的なもので品目別に国内生産量や輸出入量、仕向量、供給量などが示されます。また、国立天文台の編集する理科年表も食に限ったものではありませんが、気象や地学、環境など食や農に関わる基礎的なデータを提供してくれます。

どうしたら入手できるの？

　日本食品標準成分表の最新版は文部科学省のサイトから入手できます。また、食品成分データベースのサイトからも同様の内容を入手することができます。

　図3は文部科学省の食品成分データベースのトップページです。日本食品標準成分表の値に基づくものです。上段の検索窓から任意の食品を入力してみましょう。ちなみに「きゅうり」で検索したものが図4となります。同様の情報を、成分表が対象とする穀類、いも及びでん粉類、砂糖及び甘味類、豆類などから調理済み流通食品類に至る18のカテゴリーの全ての品目で表示させることができます。その際に各食品に振られた索引番号は2000を超え、食品成分の包括的なデータベースといえます。

　このように食品成分表は食品のエネルギーや水分、たんぱく質、脂質、さらに無機質やビタミンなどの成分を数値として示すだけではなく、図1の目次項目の説明で示した「説明」や「資料」の部分に着目すると、食品に関する事典としての色彩も持っています。

8. 議会議事録
——お上（かみ）の記録を読む

　衆議院・参議院の議会議事録をはじめ、県議会や町村議会の記録から食や農に関わる法律やその運用に関わる記録を読み解くことができます。

資料の写真や図解

図1　「国会会議録検索システム」です。これを使って様々な会議の議事録を辿ることができます。

図2　インターネット版官報のトップページです。ここから官報の情報にアクセスすることができます。過去の官報を見ることができるほか、有料ながら検索サービスも利用することができます。

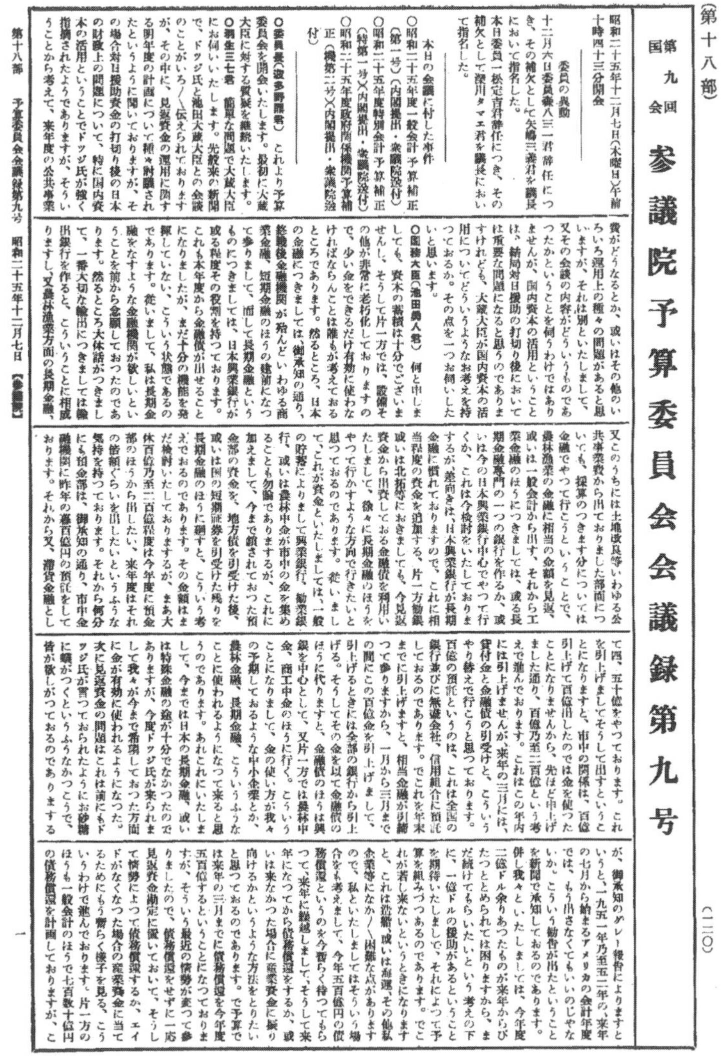

（第十八部）

第九回国会　参議院予算委員会会議録第九号

（一二〇）

昭和二十五年十二月七日（木曜日）午前十時四十三分開会

委員の異動

十二月六日委員森八三一君辞任につき、その補欠として矢嶋三義君を議長において指名した。

本日委員一松定吉君辞任につき、その補欠として深川タマエ君を議長において指名した。

本日の会議に付した事件

○昭和二十五年度一般会計予算補正（第一号）（内閣提出・衆議院送付）

○昭和二十五年度特別会計予算補正（特第一号）（内閣提出・衆議院送付）

○昭和二十五年度政府関係機関予算補正（機第二号）（内閣提出・衆議院送付）

○委員長（波多野鼎君）　これより予算委員会を開会いたします。最初に大蔵大臣に対する質疑を継続いたします。

○羽生三七君　簡単な問題で大蔵大臣にお伺いいたします。先般来の新聞で、ドツジ氏と池田大蔵大臣との会談のことがいろ〳〵伝えられておりますが、その中に、見返資金の運用に関する明年度の計画について種々討議されたというように聞いておりますが、その場合対日援助資金の打切り後の日本の財政上の問題について、特に国内資本の活用ということでドツジ氏が強く指摘されたようでありますが、そういうことから考えて、来年度の公共事業費がどうなるとか、或いはその他のいろいろ運用上の種々の問題があると思いますが、それは別といたしまして、又その会談の内容がどういうものであつたかということを伺うわけではありませんが、国内資本の活用ということは、結局対日援助の打切り後においては重要な問題になると思うのでありますけれども、大蔵大臣が国内資本の活用についてどういうようなお考えを持つておるか。その点を一つお伺いしたいと思います。

○国務大臣（池田勇人君）　何と申しましても、資本の蓄積は十分でございませんし、そうして片一方では、設備その他が非常に老朽化しておりますので、少い金をできるだけ有効に使わなければならんことは誰もが考えておるところであります。然るところ、日本の金融につきましては、御承知の通り、終戦後金融機関が殆んどいわゆる商業金融、短期金融のほうの建前になつて参りまして、而して長期金融というものにつきましては、日本興業銀行が或る程度その役割を持つております。これも本年度から金融債が出せることになりましたが、まだ十分の機能を発揮していない、こういう状態であるのであります。従いまして、私は長期金融をなすような金融機関が欲しいということを前から念願しておつたのであります。然るところ大体話がつきまして、一番大切な輸出につきましては輸出銀行を作ると、こういうことに相成りますし、又農林漁業方面の長期金融、又このうちには土地改良等いわゆる公共事業費から出ておりました部面につきましても、採算のつきます分については金融でやつて行こうということで、農林漁業の金融に相当の金額を見返、或いは一般会計から出す、それから工業金融のほうにつきましては、或る長期金融専門の一つの銀行を作るか、或いは今の日本興業銀行中心でやつて行くか、これは今検討をいたしておりまするが、差向きは、日本興業銀行が長期金融に慣れておりますので、これに相当程度の資金を追加する、片一方勧銀或いは北拓等におきましても、今見返資金から出資しておる金融債を利用いたしまして、徐々に長期金融のほうをやつて行かすような方向で行きたいと思つておるのであります。従いまして、これが資金といたしましては、一般の貯蓄によりまして興業銀行、勧業銀行、或いは農林中金が市中の金を集めることも勿論でありまするが、これに加えまして、今まで預金部の資金を、地方債を引受けた後、或いは国の短期証券を引受けた残りを長期金融のほうに廻すと、こういう考えでおるのであります。その金額はまだ検討いたしておりまするが、まあ大体百億乃至二百億程度は今年度に預金部のほうから出したい、来年度はそれの倍額ぐらいを出したいというような気持を持つております。それから何分にも預金部は、御承知の通り、市中金融機関に昨年の暮百億円の預託をしております。それから又、滞貨金融として四、五十億をやつております。これを引上げましてそうして出すということになりますと、市中の関係は、百億引上げて百億出したのでは金を使つたことになりませんから、先ほど申上げました通り、百億乃至二百億という考えで進んでおります。これはこの年内には引上げませんが、来年の三月には、貸付金と金融債の引受けと、こういうやり替えで行こうと思つております。百億の預託というのは、これは全国の銀行並びに無盡会社、信用組合に預託しておるのであります。でこれを年末までに引上げますと、相当金融が引締つて参りますから、一月から三月までの間にこの百億金を引上げまして、引上げるときには全部の銀行から引上げる。そうしてその金を以て金融債のほうに代りますと、金融債のほうは興銀を中心として、又片一方では農林中金、商工中金のほうに行く。こういうことになりまして、金の使い方が我々の予期しておるような中小企業とか、農林金融、長期金融、こういうふうなことに使われるようになつて来ると思うのであります。あれこれにいたしまして、今までは日本の長期金融、或いは特殊金融の途が十分でなかつたのでありますが、今度ドツジ氏が来られまして我々が今まで希望しておつた方面に金が有効に使われるようになつた。次に見返資金の問題はこれは前にもドツジ氏が言つておられたようにお砂糖に蟻がつくというふうなかつこうで、皆が欲しがつておるのでありまするが、御承知のグレー報告によりますというと、一九五一年乃至五二年の、来年の七月から始まるアメリカの会計年度では、もう出さなくてもいいのじやないか。こういう勧告が出たということを新聞で承知しておるのであります。併し我々といたしましては、今年度二億ドル余りあつたものが来年からぴたつととめられては困りますから、まだ続けてもらいたいという考えの下に、一億ドルの援助があるということを期待いたしまして、それによつて予算を組みつつあるのであります。でこれが若し来ないというときになりますと、これは造船、或いは海運、その他私企業等になか〳〵困難な点がありますので、私といたしましてはそういう場合をも考えまして、今年五百億円の債務償還というのを今暫らく待つてもらつて、来年に繰越しまして、そうして来年になつてから債務償還をするか、或いは来なかつた場合に産業資金に振り向けるかというような方法をとりたいと思つておるのであります。で予算では来年の三月までに債務償還を今年度五百億するということになつておりますが、そういう最近の情勢が変つて参りましたので、債務償還をせずに一応見返資金勘定に置いておいて、そうして情勢によつて債務償還するか、エイドがなくなつた場合の産業資金に当てるためにもう暫らく様子を見る、こういうわけで進んでおります。片一方のほうも一般会計のほうで七百数十億円の債務償還を計画しておりますが、こ

第十八部　予算委員会会議録第九号　昭和二十五年十二月七日　【参議院】

一

図３　1950年12月７日の参議院予算委員会の会議録です。これがいわゆる「貧乏人は麦を食え」発言のあった会議の正式な記録ということになります。一言一句だけを取り上げるのではなく、どのような議論がどのような文脈で語られたのかを理解するには、こうした経緯を押さえておく必要があります。
もちろん当時の一般の人たちが予算委員会の会議録を見るということは簡単ではなかったでしょうが、今日ではパソコン画面から簡単にアクセスすることができます。

どんな資料なの？

　食料や農業に関する法律に関しては既に示しましたが、それらがどのようにして作られ、また運用されているのか、という観点からのアプローチを試みる時には、各種の議会議事録を読むことが役立つでしょう。速記録があるので、部分的に切り取られたマスコミの報道に左右されることなく、客観的に議論を再現できます。こうした記録は公開されていて、簡単にウェブ上からアクセスできます。同様に地方議会でも多くが議事録等を公開しています。

　また、「官報」は国の発行する逐次刊行物で、法令の公布や国会や官庁などの広報などが掲載されています。インターネット版の官報を利用することで、それらに簡単にアクセスできます。同様に地方自治体も多くがホームページ上で条例や公報を公開しています。こうした公的な文字資料の多くは、今やインターネットで入手できるようになっています。

どのように活用するの？

　農業や食品に関わる法令そのものは前述の e-Gov 法令検索で調べることができますが、その法令が制定される背景にどのような議論があったのか、あるいはその法令がどのように運用されているのか、などを調べようとする時は議会の記録に当たる必要があります。ここで示すのは国会図書館が運営する国会会議録検索システムです（図1）。

　例えば、戦後の日本の食料政策について、1950年に時の蔵相である池田勇人が参議院予算委員会で「貧乏人は麦を食え」と発言したという一件があります。この会議の記録も検索システムを使えば読むことができます（図3）。一般的にとんでもない暴言のように語られますが、前後の議論の文脈を理解すれば、当時の日本の食料・農業政策、さらには戦後の経済の復興にどのように取り組もうとしていたのかが明らかになります。

どうしたら入手できるの？

　図1の国会会議録検索システムのサイトから検索項目を入力し、目当ての議事録を探してください。衆議院や参議院のみならず、都道府県議会や市町村議会についても、少なからず議事録は公開されています。まずは、都道府県や市町村議会のホームページにアクセスしてみましょう。すでに触れましたが、総務省のe-Govも関連の情報を入手する上で有効です。

　また、図2はインターネット版の官報です。官報は定められた官報販売所で販売されますが、こちらからも官報を読むことができます。

　紙媒体で閲覧する場合は大学図書館をはじめとして、主要な図書館で可能なほか、上記の官報販売所で購読を申し込むことができます。官報販売所は各都道府県にあり、上記インターネット版官報のサイトでも住所や連絡先の一覧を見ることができます。また、官報販売所では官報に限らず、政府刊行物も取り扱っています。白書や審議会答申、各種統計などを購入することができます。詳細は全国官報販売協同組合のサイトを検索してみてください。同様に都道府県の刊行物についても、一律ではありませんが、県民情報室や行政情報コーナー、あるいは県刊行物センターなどが整備されています。利用してみてください。

9. 新聞
——業界新聞にも着目しよう

　主要な新聞の記事ももちろん文字資料の宝庫ということができますが、農業や食品業界に関わっては、それらの業界が発行している業界新聞にも着目しましょう。

資料の写真や図解

図1　日本養殖新聞のツイッターです。日本養殖新聞はまるごとうなぎの業界紙です。記事もうなぎですし、新聞広告も鰻屋さんの広告です。

図2　日本食糧新聞社の発行する新聞や雑誌を紹介したページです。外食レストラン新聞や月刊食品工場長、百菜元気新聞、惣菜産業新聞などなど、この本の読者の皆さんは聞いたことがないかもしれませんが、おもしろそうな業界新聞がたくさん発行されているのです。ここに紹介したのはほんの一部です。業界新聞のディープな世界へようこそ。

どんな資料なの？

　新聞は文字資料の塊ともいえ、日々膨大な文字資料が発出されています。全国紙や大手紙といわれる新聞では、記事のデータベース（DB）の整備が進んでいます。こうしたDBを利用して効果的に必要な記事にアクセスすることができます。一方で、地方紙はそうした整備が遅れている点は否めませんが、農業や食に関する地域の記事がフォローされていることも多く、丹念に調べることで全国紙にはない情報を手に入れることもできます。

　加えて、食品業界は極めて多くの業界団体が業界紙、業界新聞を発行しているということも知っておいてください。業界新聞は発行部数こそ多くないものの、それに着目することでその業界の様々な情報を効率的に入手することができます。その業界が現在抱えている問題点やその動向をつかめるほか、業界用語も勉強できます。また、あまりお目にかからない統計情報などを入手することもできます。これらの業界新聞社や団体は紙媒体の紙面の発行のほか、ウェブサイトの整備やSNSを使った発信なども行っていますので、それらを参照するのも方法です。

どのように活用するの？

　新聞から得られる文字資料の多くは定量的なデータというよりも、定性的なデータといえます。もちろん記事を定量的に分析するという手法もありますが、特定の対象についての概要を把握したり、過去に遡って当時の状況を把握したりすることに使うことが多いからです。例えば、特定の業界の調査をしようとする際には、その業界の新聞を読んで、何が書いてあるのか理解できるようになってから出かけるようにします。ただし、新聞に書かれたものはあくまでも新聞に書かれたもの、新聞記者が見聞きしたことに基づいて書かれているものであり、かならずしもそれが事実、正し

いことというわけではありません。フィルターがかかった情報として扱う必要があります。この点を忘れないようにしてください。

どうしたら入手できるの？

　主要紙の縮刷版は図書館で閲覧することができ、新聞社のDBの利用も可能です。一方で、業界新聞についてはあまり知られていませんが、多くの業界団体がウェブサイトを開設しており、そこから購読や閲覧を申し込んだりすることができます。例えば図1は記事から広告までまるごとうなぎの日本養殖新聞です。図2は日本食糧新聞社のサイトから、発行する新聞や雑誌などの定期刊行物を紹介したページです。日本食糧新聞のほかにも様々な食品業界の新聞が発行されていることが確認できます。これ以外にも農業関係では、日刊の農業専門誌である日本農業新聞や、旬刊の日本農民新聞、全国農業会議所が発行する週刊の全国農業新聞、JAグループが中心となる旬刊の農業協同組合新聞などがあります。さらに個別分野では食肉通信、水産タイムスや水産新聞などもあります。流通や加工を含めた食品関係では、食品新聞や食品産業新聞をはじめ、冷凍食品新聞や冷食タイムス、大豆油糧日報、酒類飲料日報、月刊麺業界などなどたくさんのものがあります。興味のある業界新聞を見つけて読んでみてください。

非文字資料のそれぞれと入手方法

1. チラシ広告
——スーパーがつくりだす年中行事

　チラシ広告には商品についてのたくさんの情報が盛り込まれています。ここでは年中行事を中心に見てみましょう。

資料の写真や図解

図1　節分
節分に恵方巻を食べる習慣は広く定着しましたが、このスーパーでは鰯もあわせて売り出しています。その理由として、「イワシの頭を焼いて柊の枝に刺し、それを家の戸口に置いて厄払いに用いる風習」があることを挙げています。ちなみに、恵方巻の海苔は京都市左京区の吉田神社で厄除け開運祈願とお祓いをしたものです。（提供：フレスコ）

図2　端午の節句　端午の節句には柏餅や粽を食べます。柏には子孫繁栄のいわれがあること、粽は中国の節句行事とともに伝来し、難や厄払いの力があること、茅の葉を使った「ちがやまき」が短縮されて「ちまき」となった由来が説かれています。（提供：フレスコ）

図3　半夏生
「タコの足のように大地にしっかりと根をはり、豊作になってほしいという願いから、関西ではこの日にタコを食べる風習がある」と説明しています。（提供：フレスコ）

どんな資料なの？

　あなたは買い物をするのにチラシ広告を見るでしょうか？　同じ商品でも売り出し日に買いに行けば値段が安かったり、ポイントが倍になったりします。他店と比べればお得感が増すかもしれません。手近にあるチラシ広告を観察してみると、たいていはカラー両面刷りの一枚ものです。たまにモノクロのものも見かけますが、その場合、用紙が黄色で目立っています。大きさは新聞の折り込み広告となるよう、1面か2面分のサイズで統一されているようです。

　商品は日付や曜日ごとに写真付きで掲載されていますが、売り出し品は大きく取り上げられ、値段や割引が赤や黄色で強調されています。商品名、本体価格、税込価格、グラム当たりの単価、内容量、個数、産地、メーカーといった商品情報や「写真はイメージです」とか「お一人様3点まで」といった但し書きもあります。とりわけ販売促進に欠くことのできないのが「今日は○○の日」といった年中行事です。チラシ広告は現代の都市型生活に馴染んだ人たちにも行事食を解説付きで教えてくれます。図1が節分、図2が端午の節句、図3が半夏生です。

どのように活用するの？

　皆さんは半夏生（ハンゲショウ）って、聞いたことがありますか？半夏生とは夏至から数えて11日目にあたる日で、新暦の7月2日頃になります。ハンゲというカラスビシャク（毒草）が生じることからこの名前がついたともいわれています。農家では田植えが終了する節目となる時期で、各地で様々な行事がみられるのですが、関西では半夏生の日にタコを食べるという風習があるというのです。

　先ほど見たチラシ広告はいずれも京都市内に立地するスーパーのものです。スーパーの周辺には住宅地が広がっていて、田んぼはほとんど見かけ

ません。チラシ広告には年中行事の由来が事典さながら書かれているもの
もあります。節分と端午の節句に共通するのは厄払いというワードです。
また、恵方巻には開運、柏餅には子孫繁栄の願いが込められています。一
方、半夏生は豊作祈願で関西の風習とあります。ちなみに、香川県讃岐地
方で半夏生が「うどんの日」になっていることから、関西ではうどんを併
せて売り出すスーパーもあります。タコを半夏生に合わせて売り出したい
のだけれども、なかなか浸透していないのかもしれません。

　スーパーのチラシ広告を数年分集めて、記載された年中行事を考察した
京馬伸子氏によると、「チラシの世の中は鰻と鮪と鰤と蛸と海老、牛肉、
天ぷら、鍋物、しゃぶしゃぶ、すきやきで成立している」といいます。
「高価な魚介類と高価な肉が、際限なく提示される」ことから、チラシに
は「スーパーに置いてあるもの全てが載るのではなく、スーパーが売りた
いもの」が、まず掲載されるということを明らかにしています。

　このようにチラシ広告は現代の消費社会における食生活と年中行事、商
品化と民俗との関係について考えるのに格好の資料となり得ます（京馬伸
子「チラシ広告・企業提案と現代年中行事」『民具研究』143号、2011年）。

どうしたら入手できるの？

　新聞を取っている人なら折り込み広告として、また、スーパーの店頭や
お店のホームページなどで入手することができます。

2. 民俗地図
──タコと半夏生

　民俗地図は民俗事象の分布や空間的な広がりを調べたり、地域性を議論したりするのに利用されてきました。ここでは半夏生にタコを食べる習慣について見ていきましょう。

資料の写真や図解

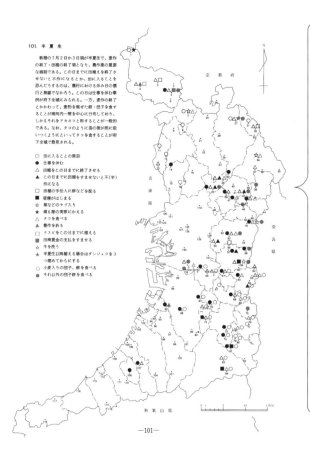

図1　『大阪府民俗地図』（大阪府教育委員会、1979年）より「半夏生」
『大阪府民俗地図』の解説によると、半夏生は新暦の7月2日か3日頃で、麦作や田植えの終了時期と重なる農作業の重要な画期です。この日までに田植えを終了させないと不作になるとか、田に入ることを忌むのは、農村における休み日の慣行との関わりが考えられ、仕事を休む事例が府下全域で見られます。また、麦作の終了と関わって、麦粉を混ぜた餅や団子を食することが南河内一帯を中心に広がっています。さらに、タコのように稲の根が泥に吸いつくようにとタコを食することも府下全域で散見されます。

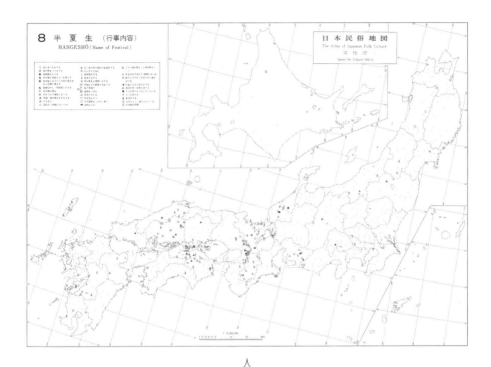

図2 『日本民俗地図』より「半夏生」
『日本民俗地図』の解説によると、ハンゲショウ・ハゲショウまたはハンゲ・ハゲなどと呼ばれ、夏至から11日目、新暦の7月2日ごろを指します。この頃ハンゲと呼ばれる毒草（カラスビシャク）が生じることからこの名が生まれたといいます。農家では田植えの最終期と目されています。
この日、小麦だんごや小麦餅などを作って供えたり、食べたりするのは、麦の収穫祭との関係がありそうです。また、神社の氷餅を炒って食べ歯固めをするところや山の芋、鯖、タコを食べるというところもあります。また、この日に食べるタコをハゲダコと呼び、田の稲が土によく吸いつくように、餅とタコを一緒に食べるというところもあります。

どんな資料なの？

　民俗地図は1950年の文化財保護法の制定以来、民俗資料、のちの民俗文化財が整備されていく過程で、国および都道府県が主体となって調査し、作成した分布図です。

　民俗地図には２つのものがあります。１つは文化庁の前身である文化財保護委員会が1962年度から1964年度に実施した「民俗緊急調査」の調査票をもとに作成した『日本民俗地図』。これは1969年から1988年にかけて全10巻、137面の地図と解説書とセットで刊行されました。その内容は年中行事（１・２巻）、信仰・社会生活（３巻）、交易・運搬（４巻）、出産・育児（５巻）、婚姻（６巻）、葬制・墓制（７巻）、衣生活（８巻）、食生活（９巻）、住生活（10巻）におよんでいます。もう１つは都道府県の教育委員会が1974年度から1984年度に調査を行い作成した、都道府県別の民俗地図です。

　各地の民俗事象が一方は日本全図、もう一方は都道府県図で示されており、それらの空間的な広がりや分布を把握するのに役立ちます。

どのように活用するの？

　例えば、「１. チラシ広告」で取り上げた、半夏生について見てみましょう。『日本民俗地図』の凡例には「水口まつりをする」など33の行事内容が示されています。半夏生の行事それ自体は東北地方から九州地方にかけて広く見られますが、「タコを食べる」のは大阪府で４カ所、兵庫県と奈良県で１カ所あるのみです。一方、都道府県別の『大阪府民俗地図』の凡例には「田に入ることの禁忌」など16の行事内容が示されていますが、「タコを食べる」のは河内長野市以北の市町村で18カ所に散見されます。ただし、これらは悉皆調査ではないので空白地帯もありますし、調査地区の制約もあります。これらの分布の背景にはタコの流通といった行商

人の移動経路が関係しているかもしれません。

　半夏生の行事はもちろんタコを食べるということだけではありません。倉石忠彦氏は『日本民俗地図』をもとに半夏生行事の構成要素として、①農作物栽培の時期の目安、②田畑への立ち入りを禁ずる物忌みの行為、③田の神祭り、④特別な食べ物や供物、⑤ハゲンサマの事績に関する伝承があることを指摘しています（倉石忠彦『民俗地図方法論』岩田書院、2015年）。

　また、上記の民俗地図とは別に、『長野県史 民俗編』の「民俗地図」をもとに「餅なし正月」を論じた安室知氏は「民俗地図」の表現方法には①民俗分布図、②民俗領域図、③民俗線形図があり、その解読には複数の地図の「重ね合わせ」が有効であることを指摘しています（安室知『日本民俗分布論―民俗地図のリテラシー』慶友社、2022年）。

どうしたら入手できるの？

　図書館にあるかどうか探してみましょう。CiNii やカーリルローカルで検索すれば、大学や公共図書館での所蔵先がわかります。

3．ホリ
——おいしいタケノコを収穫するには

実測図をとおしてホリの形態から地域的な違いを読みとる。

資料の写真や図解

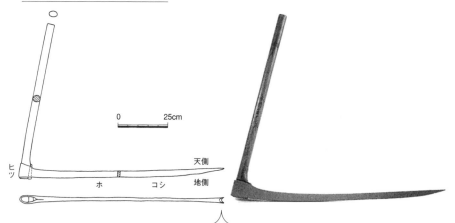

0　　　　25cm

ヒツ

天側
地側

ホ　　コシ

図1　ホリの写真と実測図（出典：『京タケノコと鍛冶文化』57頁図37, 38）

図2　タケノコ掘り（出典：『長岡京市史』
　　　本文編二巻頭写真）

図3　ホリの先端

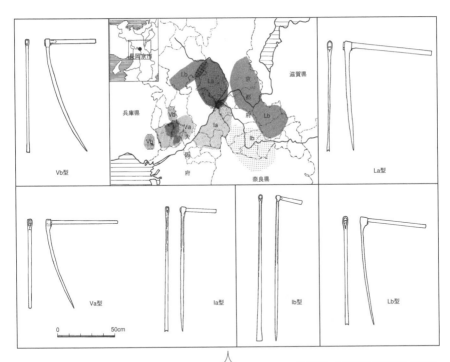

図4　乙訓地域周辺のタケノコ掘り具・分布（出典：『京タケノコと鍛冶文化』65頁図39）

（図1、2、4は長岡京市教育委員会提供）

どんな資料なの？

　京都府乙訓地域（長岡京市・向日市・大山崎町）は京タケノコの産地としてよく知られています。この地域における孟宗竹のタケノコ栽培の特徴は、ヤブ（藪）に土入れをし、地上に出る前にタケノコを掘り上げることにあります。そのためにホリとよばれる地域特有のタケノコ掘り具が使われています（図1）。まず、わずかな刃先で周囲の土をすかして緩めながら、タケノコの先端部分の方向や大きさを観察します。それによって基部がどのあたりで地下茎とつながっているかの見当がつくと、タケノコの先端が向いている方向からホリで地中の基部を突き切り、タケノコを掘り上げます（図2、図3）。地元の鍛冶屋さんによって、栽培地域の土壌や使用する人の要望に応じて、オーダーメイドで作られました。だから、1つとして同じものはありません。

どのように活用するの？

　観察し、図化することによって、ホリの形態の特徴がみえてきます。たくさん集めて比較することで、一般的な傾向をつかんだり、形態分類したりすることができます。ホリは乙訓地域だけでなく、関西一円のタケノコ栽培地域で使用されていることが確認できました。ホリの形態を比較してみると地域的な違いがみえてきます（図4）。

　この分布図を作成した吉田晶子氏はホリを詳細に計測、図面にすることによって、ホリをV型、I型、L型に大別、さらにそれぞれa型とb型に分類しました（長岡京市教育委員会編『京タケノコと鍛冶文化』長岡京市教育委員会、2000年）。すなわち、V型は断面正方形の鉄棒が湾曲し、柄が鉄棒頭部に対して直角に装着される形態で、Va型は柄が長いもの、Vb型は柄が短いもの。I型は断面正方形の鉄棒が直線状をなし、短い柄が装着される形態で、Ia型は柄が鉄棒頭部に対して直角に装着され、鉄

棒先端部が狭いもの、Ib 型は柄が勾配を持つヒツによって鉄棒頭部に対して斜めに装着され、鉄棒先端がバチ状に広がるもの。L 型は断面長方形の鉄棒がほぼ直線状であるがわずかに湾曲し、柄が勾配を持つヒツによって鉄棒頭部に対して斜めに装着される形態で、La 型は柄が長く、鉄棒の湾曲度が極めて緩やかなもの、Lb 型は柄が比較的短く、鉄棒の湾曲度が若干急なものになります。

　Va 型は大阪府千里丘陵地帯を中心に分布し、Vb 型は兵庫県尼崎市や大阪府箕面市などのほか、Va 型の分布域内にも散在しています。Ia 型は大阪府北河内地域、Ib 型は京都府南山城地域を中心に分布し、La 型は京都府乙訓地域、Lb 型は京都府山科地域を中心に分布していることがわかります。さらに、それぞれの形態ごとの機能をタケノコ掘りの作業の手順に沿って比較していくと、乙訓地域で卓越している La 型が全ての作業に適合した機能を持っていることが明らかとなりました。La 型がいつどのような経緯で考案されたのかははっきりとしませんが、こうした違いの背景にはタケノコの栽培方法や生産農家の技術、工夫があることが考えられます。

どうしたら入手できる？

　ここで取り上げたホリは長岡京市教育委員会で保管されています。また、タケノコ栽培地域にある博物館や資料館などにも関連用具が収蔵されている可能性があります。自治体史や民俗調査報告書なども参照することでより豊かな情報が得られるかもしれません。現在のタケノコ生産農家の方やホリの製造、修理にたずさわっておられる方にお話を聞かせてもらうことも大切です。

4. 駅弁掛け紙
——旅の味わいを読む

　旅先の名物を食べることは旅行の楽しみの1つといえるでしょう。駅弁の掛け紙（包み紙やラベルなどともいう）には名物や名産、あるいは名所が大きく表現されています。そこに描かれた旅の味わいを見ていきましょう。

資料の写真や図解

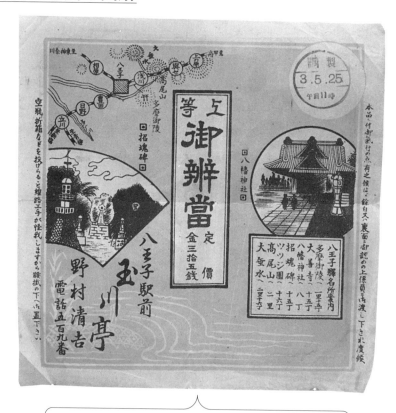

図1　八王子駅玉川亭の「上等御弁当」（国立民族学博物館所蔵）

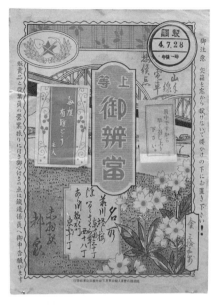

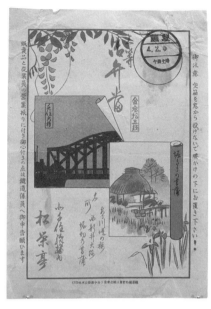

図2　北千住駅松栄亭の「上等御弁当」
（国立民族学博物館所蔵）（右上）

図3　赤羽駅都家の「上等御弁当」（国立民族学博物館所蔵）（左上）

図4　「米沢名物黒毛和牛すきやき弁当」
（筆者蔵）（左）

どんな資料なの？

　現在の駅にはコンビニをはじめ駅ナカ施設が出店し、様々な弁当が販売されていますが、それらの全てが「駅弁」とみなされるわけではありません。ここでいう駅弁とは、一般社団法人日本鉄道構内営業中央会に加盟している業者が調製したもので、それは駅弁に表示された「駅弁マーク」で識別することができます。

　日本で最初の駅弁は明治18（1885）年、宇都宮駅の開業にともない「握り飯2個とタクアンを竹の皮で包んだ」ものといわれていますが、定かではありません。近代の鉄道旅行とともに発達した駅弁ですが、それは車窓の景色を眺めながら食事をするという、非日常の感覚をもたらしました。ちなみに、最初に食堂車が編成されるのは明治30年頃になります。

　駅弁の掛け紙には名所のデザインされたものが数多くみられ、名所とともに駅弁が売り出されたことがわかります。駅弁には空腹を満たすだけでなく、旅情を味わうことも期待されたようです。

どのように活用するの？

　図1は昭和初期の掛け紙で八王子駅玉川亭の「上等御弁当」。昭和3年5月25日調製とのスタンプがあります。多摩御陵、大善寺、八幡神社、招魂碑、ツツジ園、高尾山、大垂水などの中央本線八王子駅付近の名所が里程とともに紹介されています。イラストは招魂碑と八幡神社です。多摩御陵は大正天皇の陵墓ですし、招魂碑は日清、日露戦争に関わる慰霊碑と思われ、近代の施設が取り入れられているのは興味深いです。駅弁の掛け紙というメディアを通して、ある時代にどのような対象が沿線名所に選ばれているのかをみていくことは、名所観の移り変わりを調べる上で役立ちます。

　図2は常磐線北千住駅松栄亭の「上等御弁当」で調製年月日は昭和4年

２月５日。堀切の菖蒲と千住大橋のイラストがあります。図３は東北本線赤羽駅都家の「上等御弁当」で、イラストは荒川堤でしょうか。桜草、荒川橋梁、航行する帆船が描かれています。これらの弁当の中身はよくわかりませんが、当時の駅弁には「幕の内弁当」に代表される「普通弁当」とその土地の名物を扱った「特殊弁当」があったようです。「上等御弁当」の中身は「幕の内弁当」である可能性があります。

　図４は筆者が山形新幹線車内で買い求めた「米沢名物黒毛和牛すきやき弁当」です。この駅弁のすごいところは中身が発熱パック内蔵の加熱式容器に入っていて、黄色い紐を引っ張ると、蒸気が噴き出して温かい弁当に早変わりするというところです。掛け紙にはおいしそうなすき焼き弁当の写真とともに、「とろーり米沢・小野川温泉こだわりの温泉卵入り一味唐辛子付」の文字が食欲をそそります。

どうしたら入手できるの？

　掛け紙は博物館の収蔵資料となっていることもありますが、食べ終わったら捨てられてしまうという理由で、資料として残りにくい性質があります。現在の掛け紙についてはもちろん、駅構内や車内、あるいは百貨店の駅弁大会や通信販売などでも手に入れることができます。調べる際には「駅弁の小窓」や「駅弁資料館」など個人コレクターのウェブサイトが過去の掛け紙もあわせて体系的、網羅的に取り上げているので役立ちます。また、掛け紙についての書籍も多数刊行されています。このほか博物館で旅や交通に関する展示資料として取り上げられることもありますし、その図録も活用できるでしょう。

5．郷原漆器
——漆器について調べてみよう

　かつて冠婚葬祭が家で行われていた頃、揃いの漆器（膳椀）はハレの日の必需品でした。

資料の写真や図解

図1　郷原漆器の吸い物椀

図2　椀蓋に描かれた吉祥文様

図3 袋に押されたスタンプと墨書

図4 袋に押されたスタンプ

図5 木箱の墨書

図6 木箱の墨書

どんな資料なの？

　図1～6は鳥取県内の骨董屋で筆者が購入したもので、杉の木箱に収められています。木箱に「明治九歳　菓子椀拾人前入　子五月吉日」、「清水庄助」と墨書があるのに、中身は吸物椀拾人前でした。吸物椀は膳には欠くことのできない四つ椀（飯椀、平椀、壺椀、吸物椀）の1つです。骨董屋で購入したものであるため、経緯は不明ですが、漆器は市に出されたり、他家から譲り受けたりすることもありました。そのため箱書きと中身の不一致はしばしば起こり得るので、注意する必要があります。

　この吸物椀は、二つ和紙の袋にそれぞれ五客ずつ入っているのですが、その袋をよく見ると、「洗朱茶椀形」と墨書があるほか、「郷原漆器組合」と屋号「〈大〉」の青スタンプ、購買組合のものと思われる「証印」の朱スタンプがあり、産地や椀の種類などを特定できる情報が記載されています。袋から椀を取りだしてみると、確かに「茶碗形」の「洗朱」塗でした。洗朱は橙色に近い、薄い朱色です。明治時代以降に流行した技法です。また、椀の蓋には沈金彫で宝珠、蔵の鍵、稲などの吉祥文様が描かれています。

　郷原漆器は岡山県蒜山高原にある郷原地区で製造される漆器です。堅牢かつ安価なことで知られ、「郷原輪島」と呼ばれたこともありました。主に山陰地方で流通しましたが、第二次世界大戦を境に生産が途絶えました。しかし、平成に入り地元有志により復興され、新たな「郷原漆器」が製造されています。

どのように活用するの？

　漆器の生産流通や、地域的な漆器の利用に関する研究の資料として、博物館や資料館での展示資料として、地域的な食生活に関する教育資料として、活用することが期待されます。

どうしたら入手できるの？

　博物館や資料館でしばしば展示、収蔵されています。収蔵資料目録を調べてみましょう。館のホームページでデータベース公開されていることが多いです。また、有形の民俗文化財に指定されているものも少なくありません。その際は「国指定文化財等データベース」や「文化遺産オンライン」で検索してみましょう。ちなみに、かつての郷原漆器の製造用具や製品は、平成19（2007）年に国の登録有形民俗文化財「郷原漆器の製作用具」（557点）となりました。これは岡山県真庭市の川上歴史民俗資料館で保管されています（森俊弘「国登録有形民俗文化財「郷原漆器の製作用具」について—岡山県北地域の漆器業史とその製法」『民具マンスリー』40巻8号、2007年）。

　近年、住宅改築や世代交代を機に、揃いの漆器を手放すケースが増えてきており、骨董屋に売りに出されることもあります。調査においては、所蔵者に保有している漆器を見せてもらい、使用状況や産地、入手方法などについて丹念に聞き取りをすることも必要です。

6. 資料としての写真
——古写真から炊事の場を読み解く

　現代の私たちの身の回りはスマートフォンで撮影したデジタル画像も含めて写真であふれかえっています。食生活に関わる資料としての写真について見ていくことにします。

資料の写真や図解

1　長野県下伊那郡阿智村（昭和24年6月23日）熊谷元一撮影

囲炉裏と竈

図1　「囲炉裏と竈」（須藤功編『すまう［縮刷版］写真でみる日本生活図引き④』1994年、弘文堂より）

3　秋田県平鹿郡十文字町（昭和28年5月）菊池俊吉撮影

3/4

台所

家族の食事を作る台所は女の城とされ、男は滅多にはいるものではなかった。それならその台所を女の使いよいようにしてあったかというと、現在から見ると必ずしもそうとはいい難い。写真の台所は、明り窓、流しなどに改造が見られるが、竈の前でしゃがんだり、流しは腰を曲げなければならないなど、不自然な姿勢を改めるところまではいたっていない。

① 女　嫁であろうか。竈に薪をくべる。髪型に生活も新しくなりつつあることを感じさせる。

② 上衣　ハダッコ。朝食をすませてすぐ野良に出られるように、身仕度を整えて炊事をする。

③ 素足　冬以外は足袋を履かなかった。

④ 帯衣　普段着の半幅のものか。

⑤ 下衣　スネコモンペ。この地方特有の機能的な作り。

⑥ マッチ　竈に火をつけるときなどに使う。

⑦ 薪　竈に入れやすいように木枝を一定の長さに伐りそろえてある。

⑧ 焚口　薪を入れるところ。

⑨ 竈　ヘッツィ。土製の市販のもので、石台の上にのる。写真では見えないが、煙突が外に出ていると思われる。

⑩ 鉄鍋　ナベッコ。鉉のあるもので、これまでは囲炉裏の自在鉤に掛けて使っていた。味噌汁でも作っているのだろう。

⑪ 鍋　取手の付いた、これははじめから竈あるいは七輪に掛ける作りになっている。

⑫ 仕切板　板の向こう側に何があるのかはわからないが、こちら側は竈の空間を作っている。上に雑巾が掛けてある。

⑬ 雑巾　床をふくものか。

⑭ 明り窓　板壁の上部をガラス窓にしたもので、台所に立つ女にとっては、これだけでもどれほど助かったことか。これまでは高いところにある天窓だけで、

6

図2　「台所」（須藤功編『すまう［縮刷版］写真でみる日本生活図引④』1994年、弘文堂より）

91

どんな資料なの？

　私たちは調査の際、自ら写真を撮影しますが、ここで取り上げるのは第三者の撮影した写真です。写真家による記録写真から個人による日常生活のスナップ写真に至るまで、あらゆる写真が資料となり得ます。

　ここでは古写真をもとに、写し込まれた事物をつぶさに観察することにより、引き出された情報から生活を読み解いた例として、須藤功編『写真でみる日本生活図引』という本を紹介したいと思います。

どのように活用するの？

　須藤功氏は民俗学写真家です。『写真でみる日本生活図引』（全9巻）は、渋沢敬三たちの『絵巻物にみる日本常民生活絵引』（全5巻）の発想を応用したものといえます。この本は「昭和30年代を境に消えてしまった普段の生活」を中心に、各地で撮影された写真を蒐集し、「そこに写されている生活とその背景、さらに、〈もの〉、〈うごき〉、〈こえ〉、〈におい〉など細部にわたる解説を付して、1枚の写真の持っているもの全てを引き出した」ものです。例えば、第4巻『すまう』には「一　台所と食事」に34枚、「三　保存の工夫」に25枚の食事や食生活に関する写真が収録されています。写真には写し込まれた事物の1つ1つに番号が振られ、それぞれの解説と全体の解説が、編者をはじめとする民俗学の研究者たちによって施されています。その解説をもとに2枚の写真を見ていくことにします。

　図1の「囲炉裏と竈」は長野県下伊那郡阿智村で昭和24（1949）年6月23日、熊谷元一氏が撮影したもの。囲炉裏の中に竈が置かれ、釜蓋を載せた羽釜、自在鉤に下げられた鉄瓶、火箸があります。自在鉤には小猿と呼ばれる調節具も見えます。囲炉裏の周囲に筵が敷かれ、薪の山があり、割烹着にモックラ（下衣）と足袋、手拭を身に着けた女性が竈の焚口から薪をくべています。

　囲炉裏は日常生活の中心になった場所で、常に火が焚かれていました。それを扱うのは主婦や嫁の仕事でした。囲炉裏の火は煮炊きや暖をとるのに使われましたが、この火を囲んで食事をしたのです。なお、竈は囲炉裏とは別に置かれるのが普通ですが、長野県では囲炉裏の中に竈を置く家も多かったようです

　図2の「台所」は、秋田県平鹿郡十文字町（現、横手市の一部）で昭和28年5月に菊池俊吉氏が撮影したもの。竈の上に鉄鍋が置かれ、女性が焚口から薪をくべています。朝食を済ませてすぐに野良に出られるよう、ハダッコ（上衣）にスネコモンペ（下衣）という野良着姿で炊事をしています。髪型は新しくなりつつある生活を予感させます。棚には筍の水煮の缶、片栗粉の袋、味の素の缶、重箱、甕が、そして板敷の上には湯呑茶碗、手籠、草履が置かれています。

　台所が明るく見えるのはガラスの明かり窓のためです。本来、台所は採光に乏しく水回りでじめじめしたところでした。このような改造が見られるものの、女性はなお竈の前でしゃがんで作業をしています。台所はまた女性の領域で、男性が立ち入ることは滅多にありませんでした。

どうしたら入手できるの？

　古写真は写真集として出版されているものが数多くあります。一方、それを所蔵する機関、大学や研究所、博物館や図書館などでは、デジタルアーカイブ化とともにデータベース公開を進めているところも少なくありません。ただし、食生活に関する写真が常にまとまって存在しているかというとそうでもありません。あなた自身が目的意識をもって写真を見ようとすれば、きっとみつかるはずです。

7．民具の実測図
──形態や構造、機能を読む

　実測図を作成したり解読したりすることはモノを扱う研究の重要な方法の1つです。

資料の写真や図解

⑨ 酛卸桶 ⬇
1．酛仕込
2．昭和10年代
3．昭和30年代頃まで
6．酛（酒母）の仕込量に合わせるため、約300ℓ入りと約700ℓ入りがあり、それぞれ1個だて酛用と2個だて酛用と称する。
7．酛を育成させる容器として用いる。蒸米・麹・水を半切桶ですりつぶした後、酛卸桶に入れ育成する。
　（速醸酛の場合は、酛半切を用いず、直接酛卸桶に仕込む）
11．5点（1個酛用2点、2個酛用3点）
　　（855～1203φ×965～1002）

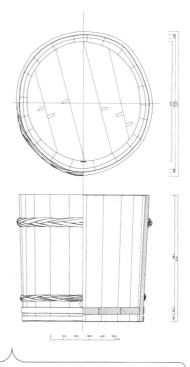

図1　酛卸桶の実測図並びに写真（『伏見の酒造用具』京都市文化財ブックス第2集、1987より、京都市文化財保護課 図版提供、月桂冠株式会社所蔵）

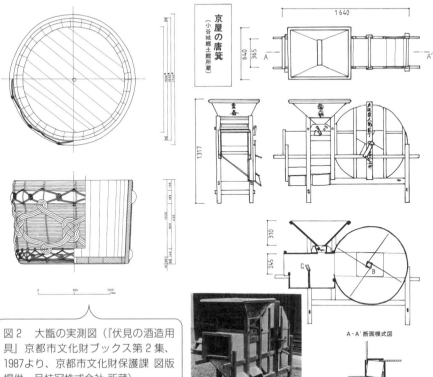

図2　大甕の実測図（『伏見の酒造用具』京都市文化財ブックス第2集、1987より、京都市文化財保護課 図版提供、月桂冠株式会社 所蔵）

図3　京屋の唐箕（『紀年銘（年号）のある民具・農具調査等―西日本』日本常民文化研究所調査報告第8集（財団法人日本常民文化研究所、1981）口絵「京屋の唐箕」より引用）
支柱に「大坂農人橋弐丁□（京）屋太兵衛」、漏斗部に「大極上前」「壱番」と墨書があります。

どんな資料なの？

　民具の実測図は機械製図の第三角法に基づいて、正面図、平面図（上面図）、側面図の３面で、基本的に構成される図面です。必要に応じて、断面図や拡大図なども加わります。対象となる実物の観察をとおして、実際に計測しながら方眼紙に描いていきます。最後にトレースをして完成です。

　民具の実測図は有形の民俗文化財の記録化の方法として普及しましたが、その手法は物の形態や構造を客観的に把握するのに有効です。とくに民具研究では、対象となる資料の実測図を比較考察することによって、その形態差や地域差の解明に大きな蓄積があります。

どのように活用するの？

　図１と２はともに酒造用具の桶です（京都市文化観光局『伏見の酒造用具』1987年）。図１は酛（酒母）を育成させる酛卸桶、図２は米を蒸すのに用いられる甑です。桶がどのように組み立てられているのか、断面図もともなって示されています。ここでは桶の部材である樽材の木目は省略されています。これは桶の構造をより重視したためですが、もし、桶の樽材が柾目なのか板目なのかを表現したい場合には木目も描き入れます。このように民具の実測においては情報の取捨選択が大切です。図２の桶は縄で模様がかけられていますが、これはイラストではありません。実測をして描き入れたものです。縄のかけ方には杜氏によって流派があって、魔除けの意味があるといわれています。

　図３は近畿地方でよく見られる「京屋」製の唐箕です（神奈川大学日本常民文化研究所『紀年銘（年号のある）民具・農具調査等―西日本』1981年）。唐箕は風を起こして穀物の籾殻と実とを選別する道具です。唐箕については全国的な調査が進められ形態差や地域差についての議論が積み上

げられてきました。例えば、近藤雅樹氏は江戸時代から明治時代にかけて年号の入った紀年銘唐箕125点を対象として、新たな形態分類の指標を提起しています。すなわち、唐箕の翼車軸の支持方法の違いに着目して、①主柱指示型、②脚柱指示型、③横木支持型、④縦木支持型、⑤Ｘ脚支持型の５つに分類し、その地域的傾向を考察しました（近藤雅樹「紀年銘唐箕の形態分類」『国立民族学博物館研究報告』16（4）、1992年）。

どうしたら入手できるの？

　調査主体となった自治体の教育委員会や博物館などから調査報告書として刊行されています。これらは公共図書館で閲覧できます。国指定有形民俗文化財については、文化庁の「国指定文化財等データベース」でインターネット検索できます。所蔵先によっては資料調査台帳を見せてもらえることがあるかもしれません。とはいえ、全ての民具に実測図が備わっているわけではありません。むしろ、調査されたものは膨大な資料の中の一部であると考えた方がよいでしょう。大切なことはあなた自身が実物資料に直接対峙し、徹底的に観察し、そこから引き出された情報を記録にとる。そして実測図をあなた自身の手で作成することにほかなりません。

8．映像資料を調べる
——静岡県大井川上流でつくられる井川メンパの製作技術

　食に関わる映像資料にはドキュメンタリー作品や料理番組など様々なものがありますが、ここでは無形の民俗文化財の記録映像を取り上げます。

資料の写真や図解

図1　DVD「山のむらから木のぬくもりを—井川メンパの製作技術—」（静岡市教育委員会企画制作）

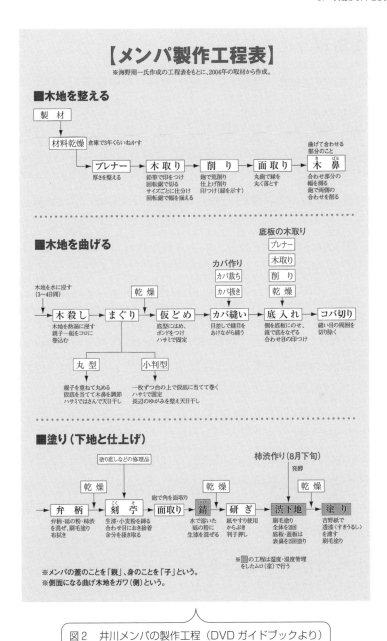

図2　井川メンパの製作工程（DVD ガイドブックより）

どんな資料なの？

　無形の民俗文化財は、衣食住、生業、信仰、年中行事等に関する風俗慣習、民俗芸能、民俗技術を対象としますが、これには食生活と関わるものが少なくありません。その保護に当たっては、映像による記録作成が積極的に進められてきました。その目的は、「記録保存」、「伝承・後継者育成」、「広報・普及」の３つに集約されるといいます。

　ここで紹介するのは、静岡市教育委員会が企画制作した DVD 『山のむらから木のぬくもりを―井川メンパの製作技術―』（2005年・55分）です。この記録映像は、南アルプスに抱かれた大井川の最上流部に位置する井川地区（静岡市葵区井川）で営まれてきた、メンパ（曲げ物）の木地づくりから漆塗りまで全工程の記録を中心に、歴史的背景や柿渋づくり、樹皮利用の民俗までも収録されています。井川メンパは、天然のヒノキ材に漆を施した曲物の弁当箱で、48工程ともいわれる作業を経て完成します。

　この記録映像の主人公である海野想次さんが作るメンパは単に弁当箱としてでなく、計量用具としての機能も併せ持っています。つまり、メンパの身の部分と蓋の部分で生米が計量できるのです。例えば、丸型のメンパには女物と男物、特大の３つのサイズがあり、それぞれ「三四」、「四五」、「五六」と呼ばれます。これは「三四」が身に３合、蓋に４合、「四五」が身に４合、蓋に５合、「五六」が身に５合、蓋に６合の生米が入ることを表しています。これらのメンパは入れ子のように重ねることもでき、その緻密な寸法は収納するのに便利な工夫といえます。

どのように活用するの？

　この記録映像とともに、同じタイトルのガイドブックが刊行されています。それによると、先行研究として、『静岡県文化財調査報告書第41号　静岡県の諸職』（1989）、『静岡県民俗調査報告書第14集　田代・小河内の民俗

―静岡市井川―』(1991)、『静岡市の伝統文化ガイドブック No.1 小河内のヒヨンドリ』(1999)、『井川雑穀文化調査報告書』(2004) などが挙げられています。記録映像とともに自治体がとりまとめた文化財の調査報告書を突き合わせてみることで、より地域の特徴について理解が深まります。

どうしたら入手できるの？

　無形の民俗文化財の記録映像は、数多く製作されているとはいえ、必ずしも公開されているわけではないようです。調査主体となった自治体の教育委員会や図書館、博物館等で調べてみましょう。YouTube などインターネットの動画共有サイトに投稿されているものもありますが、全国各地の記録映像のプラットフォームはまだ整備されていないようです。そのような中、例えば、一般財団法人地域創造の運営するウェブサイト「地域文化資産ポータル」は役立つかもしれません。

　なお、国立民族学博物館のデータベース「映像資料目録」は同館が所蔵する映像資料の目録ですが、世界の食に関する記録映像を検索することができます。また、常設展示場にある「ビデオテーク」では展示に関連する映像資料を視聴できますが、ここに食べ物や飲み物など食に関わる番組が多数含まれています。

9．縁起物、授与品としての杓子と箸
——杓子や箸に付与されたご利益

　杓子や箸には神との関わりや健康長寿といった効能が示されるものが少なくありません。縁起物や神社の授与品にご利益を探ってみましょう。

資料の写真や図解

図1　宮島のしゃもじ

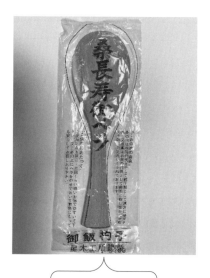

図2　桑長寿御ヘラ

図3　桑の木の湯呑

図4　しおり「桑の効用」

図5 御多賀杓子（写真提供：多賀大社）

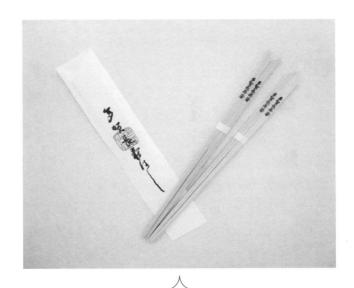

図6 多賀長寿はし（写真提供：多賀大社）

どんな資料なの？

　図1のしゃもじは、木製でかなり使い込まれていますが、「宮島」と焼印が押されています。宮島は厳島神社で知られる安芸の宮島です。

　このしゃもじには由来があります。宮島歴史民俗資料館の展示解説によると、江戸時代中期、寛政の頃、光明院の僧、誓真が作ったのを島民に教えたのが始まりとされています。その形は琵琶をかたどり、材質は朴等で、飯に香がうつらず、杓子に飯粒が付着せず、また、熱い飯にも曲がらないのが特徴だといいます。今日しゃもじは、必勝祈願や商売繁盛の縁起物にもなっていますが、これは日清戦争時、宇品から出征する兵士が「敵をメシとる」という語呂からしゃもじに自分の名前を書いて厳島神社に奉納したことから広まったようです。

　図2の杓子は福島県南会津町にあった木工所の製品ですが、桑の木でつくられています。かつて養蚕業が盛んな頃、桑（ヤマグワ）は蚕を育てるため各地で栽培されていました。桑は工芸材料として用いられますが、薬効があるとされてきました。杓子の袋には「桑長寿御ヘラ」とあり、「くわの木の由来」が書かれています。それによると、「桑の木は根部の皮を干して緩下剤として漢方に使用され、又若葉はお茶の代用として桑茶と称し昔から中風の予防に大変良い」とあります。

　ちなみに杓子ではありませんが、図3の湯呑も桑の木で出来ています。これは長野県山ノ内町にある渋温泉の土産物ですが、「桑の効用」と題されたしおり（図4）が付いていました。それには鎌倉時代の僧、栄西の『喫茶養生記』や中国明代の学者、李時珍の『本草綱目』を引きながら、「桑の箸や茶碗が中風の予防になる」との言い伝えが書かれています。

　図5は滋賀県多賀大社の授与品である「御多賀杓子」です。同社のホームページによると、「元正天皇の病気に際し、当社の神主が強飯を炊き、しでの木で作った杓子を献上、天皇はたちまち治癒された」ことに因ん

で、長寿のお守りとなっています。また、同社は箸にも縁があります。「当社の東、約6キロの地」にある「杉坂峠の三本杉」は多賀大社のご神木であり、これは「神代の昔、国生みの大業を終えられた伊邪那岐大神は高天の原からこの峠に天降られ、休息をなさった時に、土地の老人が粟の飯を献上した。大神はご機嫌麗しくお召し上がりになり、食後その杉箸を地面に刺したところ、その杉箸が根付き今見るような大木になった」ものと伝えています。図6もまた、長寿のお守りとして授与されている「多賀長寿はし」です。

どのように活用するの？

　縁起物や授与品に込められた人々の願いや信仰のあり方を探る資料として活用できます。特に箸は食物を人の口に運搬するという道具であることから霊的な意味が付与されてきたともいえます。年中行事や人生儀礼の中で、杓子や箸がどのように扱われ認識されてきたのかを考えることは伝承文化の解明につながります。素材と薬効との関係を調べることも有効です。一方で、由来という物語がどのように活用され、お土産など商品の付加価値となっているのかといった研究をする際の資料にもなります。

どうしたら入手できるの？

　縁起物や授与品それ自体、土産物店や神社で入手することができます。どういった授与品があるのかは神社のホームページで調べることができます。授与品としての箸については一色八郎氏の『箸の文化史』（御茶の水書房 1998年）がまとまっています。また、国立歴史民俗博物館の「民俗語彙」と「俗信」のデータベースで杓子や箸の伝承について検索してみましょう。

第 **4** 章

歴史資料のそれぞれと入手方法

1．見立番付
——昔の食に関するランキングについて調べるには

　見立番付とは、相撲の番付に見立てて、様々な事物に順位をつけた一覧表のことです。江戸時代から明治時代にかけて庶民の間で流行しました。

資料の写真や図解

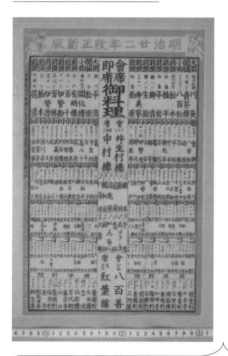
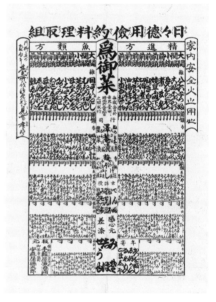

図1　明治22年に作成された即席・会席料理の見立番付。江戸時代・明治時代に作成された見立番付は、全国各地の自治体の図書館や大学図書館に所蔵されています。所蔵史料は、「古典籍データベース」などでデジタルデータになっているものを探すことができます。この見立番付は、早稲田大学図書館の古典籍総合データベースで、「見立番付」と検索するとヒットします（左、早稲田大学図書館所蔵）。

図2　江戸時代後期に作成された「日々特用倹約料理取組」見立番付。国立国文学研究資料館新日本古典籍総合データベースで検索して出てきた、料理屋の見立番付です（右、小泉吉永氏提供）。

図3　新版御府内流行名物案内双六（国立国会図書館デジタルコレクション）

どんな資料なの？

　日本では江戸時代に入って印刷技術が発展し、中頃には一般庶民でも書籍や摺物を入手できるようになりました。見立番付のような1枚ものの摺物は、人々の興味をそそる内容のものが数多く作成され、気軽に入手できることもあり流行しました。食に関することに止まらず、もの・場所・事柄、あらゆることがランキングされています。現在の私たちが見ても楽しめる見立番付は、きっと当時の人々の目にも面白く映ったことでしょう。

　図1は、明治22（1889）年に作成されたものです。江戸時代中期以降に、江戸の町で開店しはじめた会席料理屋と即席料理屋のランキングです。即席料理とは、料理屋に入ってから注文する形式で、会席料理のように予約して決まった献立を食べるスタイルとは違うものでした。ちなみに当時の相撲では、横綱はいませんでしたので、見立番付の上位トップは大関になっています。

　図2は、江戸時代後期に作成された「日々徳用倹約料理取組」と題した見立番付です。倹約料理の献立を記したものということは、今でいえば、「節約簡単メニューランキング」といったところでしょうか。大関には「めざしいわし」とあり、そのほか上位に「こぶあぶらげ（昆布油揚げ）」「きんぴらごぼう」「煮まめ」「小松なひたし物」などが記されています。この時期の食材の価格や、それに対する人々の価値観を探るための重要な手がかりとなり得る資料です。

　一方、図3も名物を順に並べたものですが、見立番付と違い双六形式になっており、右列に店名、そして名物が絵にして描かれています。見立番付のようにランキング形式にはなっていませんが、名物料理が絵で描かれているので、どのお店に行けば、どのような料理が食べられるのか、一目で理解することができます。

　このように当時の人々は、名物や流行しているものを1枚もので見るこ

とができる形にして、楽しんでいたのです。紙からウェブへと形式は変化しましたが、興味の持ち方やそれをまとめる方法は、現在とさほど変わらなかったのです。

どのように活用するの？

　見立番付は、単なるランキングとして楽しめるだけではありません。江戸時代の日常の家庭での料理が詳細にわかる資料は、さほど多く残っているわけではありませんので、図2の見立番付のように、料理内容がわかる見立番付の存在は貴重です。また、図2の見立番付の内容からは、どのような食材が「徳用倹約」のものだと理解されていたかを読み取ることができます。単に料理内容を知ることができるだけでなく、どのような食材が節約メニューに使用されていたのかがわかります。もしかしたら、今は高級食材だったものが使用されているかもしれません。当時の食材の価値を考えるためにも、活用することができます。

どうしたら入手できるの？

　これらの見立番付は、印刷物ですので、版が違うものも含めて同様のものをみつけることが可能です。その多くは博物館等社会教育機関で収蔵されており、近年は所蔵館のウェブサイトで公開されることも増えています。例えば、今回紹介した史料もそうです。国立国会図書館デジタルコレクション等、貴重書のデータ公開が多くなされているサイトで、「番付」や「見立番付」で検索をして史料を探してみましょう。

2. 名所図会
——全国各地のガイドブック

　江戸時代には、日本各地の国や地域ごとの名所・旧跡などを文章と絵で書き記した「名所図会」と呼ばれる地誌が数多く出版されました。「名所図会」には、現在でも有名な場所が掲載されています。今回は、その中から文化12 (1815) 年に刊行された『近江名所図会』を事例に見てみましょう。

資料の写真や図解

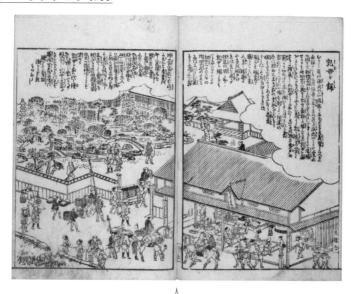

　図1　『近江名所図会』に描かれた草津宿の「乳母が餅」屋の風景。店の賑わいがよくわかります。ちなみに、乳母が餅屋は、現在も営業しています。『近江名所図会』を読んでから、実際にお店に行って、乳母が餅を食べてみるのも良いですね。

図2　今も販売されている「うばがもち」は、滋賀県草津市の名物です（写真提供：お菓子処うばがもちや）。

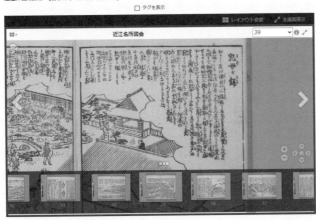

図3　新日本古典籍総合データベースは、唯一の日本古典籍ポータルサイト。国内の様々な機関に収蔵されている古典籍のデジタル画像にアクセスできます。

どんな資料なの？

　『近江名所図会』は、文化12（1815）年に刊行されました。名所図会とは、江戸時代後期以降に多く刊行された、寺社・旧跡・地名・勝景地などの由緒来歴や、街道・宿駅・河川などの情報が文章と挿絵で記された地誌です。その流行の始まりは、安永9（1780）年刊行、秋里籬島著・竹原春朝斎画の『都名所図会』といわれています。

　次に、図1に紹介している乳母が餅について、解説します。繁盛している店が描かれたこの頁には、上段部分に、この餅の由緒について詳細に記されています。どのようなことが書かれているのか、かいつまんでご紹介します。①永禄12（1569）年9月、佐々木義賢が織田信長との戦いに敗れた。②義賢は幼児を乳母に託した。③乳母は、その子を守り、往来の人に餅を作って売ることで生計を立てた。④餅はよく売れて、小店を開くようになった。

　永禄12年は、この本が刊行される246年前ですので、ずいぶん昔のことになります。このように、名所図会には、単に場所の説明が書かれるだけでなく、その由緒や歴史についても説明がなされています。単なる旅行ガイドブックというよりは、地誌や専門書よりの性格の本でした。

どのように活用するの？

　江戸時代には、名所図会のみならず、様々な地誌が作成されました。地誌とは、各地の位置・地形・気候・集落・交通・産物・風俗・伝承などについて詳細に記した書籍です。日本における現存最古の地誌は、和銅6（713）年元明天皇の詔によって作られた「風土記」であるといわれています。江戸時代には、漢文で記された藩撰の地誌や、学術的な地誌、絵が多く入れ込まれた名所記に近いものなど、様々な種類の地誌が刊行されました。作成の意図や、著者の意向により、書きぶりや内容は多岐にわたるも

のの、当時の人々が、その土地のことを深く知ろうとする際に、必読であったことは間違いありません。ですので、それらの地誌を、現在の私たちが見ることで、地誌類が刊行された当時の、その土地の詳細な情報を読み取ることができるのです。

　また、写真がなかった当時の様子を知るための情報として、地誌の中に描かれている挿絵の存在は、貴重です。例えば、今回ご紹介した乳母が餅についても、このような資料を使って調べることができるのです。

どうしたら入手できるの？

　名所図会のデジタルデータについては、図3で紹介している新日本古典籍総合データベースにアクセスすることをお勧めします。私たちが、題名を聞いたことがある、学校の古典の時間に学習した、という古典籍については、ほぼ網羅されています。

　名所図会に描かれている挿絵の描写は、私たちに多くの情報を与えてくれます。デジタルデータのメリットは、拡大して見ることが容易にできることです。それを活かして、細かな描写を読み解いてみましょう。

　ただし、デジタルデータで文章を読みたい場合は、くずし字等当時の文字や文章を解読・解釈できる技術がある程度必要となります。その場合、デジタルデータに加えて刊本化されているものも手に入れてください。多くの名所図会は、『大日本名所図会』、『日本図会全集』、『日本名所風俗図会』のシリーズの中に収録されていますのでそれを見てみましょう。

3．絵葉書
——絵や写真から読み取れることを考えてみよう

　明治時代以降、日本では数多くの絵葉書が印刷・販売されました。現存するものはそれほど多くありませんが、収集家によって集められた絵葉書が、近年、デジタルデータとして多く公開されています。

資料の写真や図解

　絵葉書のデジタルデータを公開している青森県立図書館のデジタルアーカイブで、「林檎」を検索してみました。

Apple noted Product of Tsugaru.　檎　林　産名軽津

図1　津軽名産林檎「林檎」の検索でみつかった絵葉書を見てみましょう。　カラーとモノクロがあります。絵葉書の下の部分を見てみると、文字が書いてあります。同じように、食に関するキーワードを入れてみましょう。他にも、絵葉書を見ることができます。

景ノ園檎林郎三勝藤佐　崎藤字大村崎藤郡津南縣森青

The Gathering of Apple, Tsugaru.　檎　林　産　名　軽　津

図2　（上）青森県南津軽郡藤崎村大字藤崎佐藤勝三郎林檎園ノ景、（下）津軽名産林檎。図1と同じように絵葉書の下の部分に文字が書いてあります。こちらには住所や人物名まで入っています。（図1、2は青森県立図書館所蔵）

どんな資料なの？

　最近は、葉書や封書で手紙を書く機会も減りましたが、絵葉書をもらったり送ったりした経験は、みなさんにもあるかもしれません。絵葉書は、近代的な郵便の制度が確立した明治期から作成されはじめました。古くはモノクロのみでしたが、次第にカラーのものも販売され、絵葉書といいつつ写真が印字されているものも多くあります。明治から昭和期の頃に作成されて、今ではもう販売していない絵葉書も多くあります。未使用の絵葉書は、コレクターの手によって収集されて、社会教育機関等にコレクションとして保管されているものもあります。近年では、このようなコレクションを、広く社会で活用すべく、デジタルデータ化し、閲覧・ダウンロードできるサイトも増えてきています。

　また、実際に使用された使用済みの絵葉書は、歴史資料として、社会教育機関等所蔵・寄託の古文書群の中にも含まれています。過去に作成された絵葉書を見てみると、風景・人物・建物など多彩な対象物が主人公となってそこに描かれています。「なぜこのような建物をわざわざ絵葉書にしたのか？」と理解できないようなものもあります。しかし、見方を変えて考えてみると、その当時には、わざわざ絵葉書にする必要があったものなのです。残念ながら、絵葉書には、いつ作成という作成年が示されることは稀なので、時期を確定するためには、対象物をヒントに考えるしかありません。ですが、作成意図・背景を考えながら絵葉書を見てみると、予想外の発見もきっとあるはずです。

どのように活用するの？

　飲食店が販売している絵葉書、収穫の風景や収穫物の写真が載っている絵葉書、食べ物の絵が描かれた絵葉書。絵葉書に「食」が写り込んでいることは多くあります。みなさん自身が、どのようなことを調べたいかに

よって、絵葉書は活用できうる歴史資料となります。例えば、116〜117頁で紹介した林檎についての絵葉書を見てみましょう。117頁上の絵葉書には、「青森県南津軽郡藤崎村大字藤崎佐藤勝三郎林檎園ノ景」というタイトルが書いてあります。ここから何が読み取れるでしょうか。

　①なぜ、収穫の時期の写真を絵葉書にしたのか、②藤崎村では今も林檎作りは行われているのか、③佐藤勝三郎はどのような人物だったのか。写真に撮りこんでいる人々の関係や林檎園における役割など、絵葉書を見ているだけで、疑問がどんどん湧いてきます。そして、その疑問を起点に、研究課題をみつけることができるかもしれません。

　このように、絵葉書は研究資料として価値を有していますが、その扱いについては注意を払わないといけません。単に撮りこんでいるモノだけを見るのではなく、撮影された時期の社会状況や撮影の意図なども踏まえた上で資料として利用するようにしましょう。

どうしたら入手できるの？

　絵葉書のデジタルデータを公開している機関はいくつもありますが、閲覧しやすいサイトをご紹介します。「大阪市立図書館デジタルアーカイブ」「愛知県図書館絵はがきコレクション」「絵葉書資料館」。これらのサイトに入り、ご自身が調べてみたいモノ・コトについて検索をし、それに関する絵葉書をみつけてみましょう。その際、検索キーワードは、かな、漢字を入れ替えて検索することも心がけてください。例えば、林檎なら「りんご」「リンゴ」でも検索するといった具合です。手に入れたい情報を取りこぼさないようにしましょう。

4. 教養本・専門書
——江戸時代の専門書から読み取れること

　江戸時代は、文字を読むこと・書くこと・理解することが多様な層に広がった時代です。書物を通じた「知」への探求に応えるために、多くの専門書が刊行されました。

資料の写真や図解

図1　『農業全書』は、元禄10（1697）年に刊行された農書です。木版本として最初に刊行された農書だともいわれています。作者である宮崎安貞自身の農業体験に加えて、各地で見分した知識をもとに書かれた農業技術書で、当時刊行された数ある農書の中でも有名なものです。

図2　『本朝食鑑（ほんちょうしょっかん）』。従来の本草書とは異なり、博物学的かつ著者の知識を活かした独創的な内容であるこの書は、本草書という性格でありつつも、食物の加工・料理・薬用等の情報量も豊富に掲載されていることが特徴です。

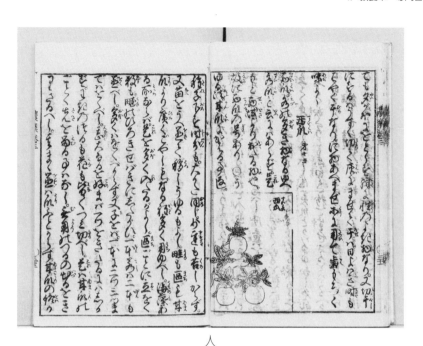

図3 『農業全書』の内容を見てみましょう。例えばこの頁には西瓜に関すること
が書かれています。「西域」から伝わったことから「西瓜」と呼ばれることになっ
たことや、効能なども書かれています。また「海辺ちかき南向の肥たる沙地」（海
辺に近い南向の肥えた砂地の土地）で作ることをすすめています。文章だけでな
く、絵も入ることで、より具体的に理解できるようになっています。

（図1～図3　国立国会図書館デジタルコレクション）

どんな資料なの？

　江戸時代の文化・文政期頃を頂点に、日本では多くの農書が作成されました。農書とは農業技術に関して書かれた書物のことです。内容は、著者の農業経験や全国各地の農業についての見聞、中国の農書の翻訳など、主として農業に関することが記されたものですが、農家としての心得が記されたもの、篤農家の著作も農書に含まれます。

　数ある農書の中でも前ページで紹介した『農業全書』は、日本で初めて木版本で刊行された農書です。この本は、江戸時代に数回刊行され、明治期にも刊行され、後に出版される農書に影響を与えました。

　図2の『本朝食鑑』は作者の人見必大の死後、その子供の手により刊行された食療本草書です。本草書とは、本草学の書物のことです。本草学とは、中国で生まれた自然物の形態・生態・製薬法・処方・薬効・薬理などを研究した学問のことです。日本では、古代にはすでに中国本草学から知識を得た本草書が作成されていますが、日本独自の本草学が発展したのは江戸時代でした。『本朝食鑑』は、明で刊行された李時珍著『本草綱目』に依拠しながらも、薬物学としての本草だけでなく、医家の立場から日用食品の解説も充実しており、博物学的な性格が強い作品です。

どのように活用するの？

　今回紹介した2冊は、それぞれ農業・本草学という観点から執筆されていますが、どちらの作品からも食品・食材に関する広い知識を得ることができます。

　300年以上前の日本で、どのような食材について、いかなる知識が共有されていたのか。本書は、当時の食生活のみならず、食材と栄養との関係や、当時の人々の食に関する知識の程度などを調べる際にも活かすことができるでしょう。

どうしたら入手できるの？

　今回紹介している『農業全書』は、国立国会図書館デジタルコレクションから閲覧できます。また、『農業全書』をはじめ多くの農書を収録した書籍シリーズに『日本農書全書』（全13巻、農山漁村文化協会、1978年）があります。この全集は一般社団法人農山漁村文化協会が運営しているウェブサイト「ルーラル電子図書館」にてデジタルデータを閲覧することができます。ただし、このウェブサイトは有料会員制となっています。「ルーラル電子図書館」に限らず、資料閲覧が可能なウェブサイトは有料制のシステムになっていることも多いです。第4章5．で紹介している「ヨミダス歴史館」、第5章10．で紹介している「ジャパンナレッジ」も同様です。

　これらのウェブデータベースは、全文検索や複雑な検索も可能となっていたり、多くの有益な情報が詰まっていますので、より良い研究環境を整えてくれます。必要に応じて、有料のウェブサイトも活用してください。

　また図2で紹介した『本朝食鑑』の刊本は、東洋文庫に収録されています。東洋文庫シリーズは、ジャパンナレッジでも全頁閲覧可能です。

5．新聞
──明治時代の新聞には何が書かれているのか

　新聞も今やデジタル版で読める時代にはなりましたが、明治初期から現在に至るまで、毎日の出来事が紙媒体で発信されています。以前は、それをマイクロフィルムで見ることができていましたが、さらに近年は、データベースで単語レベルで記事が検索できるようになりました。ここでは、読売新聞のデータベース「ヨミダス歴史館」を事例にします。

資料の写真や図解

ヨミダス歴史館トップページ

図1　「新聞に載った！その瞬間からその出来事の歴史的記録が始まります。ヨミダス歴史館は、明治からの読売新聞記事1,400万件以上がネットで読めるデータベースです。」（ヨミダス歴史館トップページより）

図2 「明治・大正・昭和」の新聞記事から、「カステラ」を検索してみましょう。

図3 1950件がヒットしました。検索方法は、「見出し検索」と「キーワード検索」がありますので、たとえタイトルに検索したい文字が載っていなくても、文中の文字も検索できるので、とても便利です。今回は、「キーワード検索」で検索してみました。

どんな資料なの？

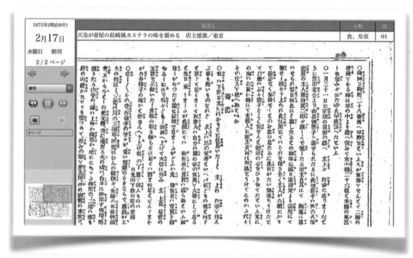

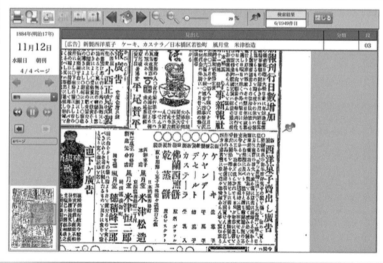

図4　検索結果の記事をクリックすると、記事を読むことができます。
　上の明治8（1875）年朝刊には、天皇に「家主貞良（カステラ）」の味を褒められた壺屋についての記事が載っています。

　新聞には、様々な商品の広告も掲載されています。データベースでは、記事の内容だけでなく、広告についても検索に上がってきます。図4の下は、西洋菓子を商う日本橋若松町の風月堂の広告です。扱っている商品等も読みとれます。

どのように活用するの？

　新聞には、まさしくその時、その時代の最前線の情報が詰まっています。検索機能を使えば、記事のタイトルから想像するよりはるかに多くの情報を手に入れることができます。例えば、一つ目の記事には、壺屋のカステラのことを「以前長崎にて家主貞良の製法をうけてこのかた代々その仕方を換えぬといふ」と書かれています。この記事が書かれているのが明治8年で、「代々カステラの製法を変えていない」という趣旨のことが書かれていることから、壺屋で作っていたカステラは、江戸時代に長崎で支那人から教わった製法によるものであることがわかります。つまり、この記事を読むことで、すでに江戸時代にカステラを作る技術が庶民にも浸透していた事実を読み取ることができるのです。

どうしたら入手できるの？

　新聞各社の記事検索データベースへは、以下からアクセスできます。
　ただし、個人利用ではなく、教育機関・法人利用のサービスもありますので、その場合は、大学や公共図書館等利用可能な所を探してください。
読売新聞ヨミダス歴史館
毎日新聞毎索
産経新聞データベース
日経テレコン21
朝日新聞クロスリサーチ

6. 浮世絵・錦絵
——描かれた「食」を紐解く

食を知るための歴史資料は、文字だけではありません。
彩色された絵から読み取れる食の世界をのぞいてみましょう。

資料の写真や図解

　近年、錦絵や、浮世絵等、数々の作品が、ウェブサイト上で見ることができる機会が増えました。博物館・美術館等で本物を自分の目で見ることは大切です。実際、研究に用いる時には、本物を手に取り、調査をする必要が出てくることが多いです。一方で、ウェブ上でデジタルデータを見る最大のメリットは、細やかに描かれた図柄を拡大して微細な部分まで見ることができることです。2カ所のデジタルミュージアムのサイトを事例に錦絵の検索と調べ方について学びましょう。

図1　嘉永期に歌川豊国が描いた「卯の花月」です。タイトルのごとく、4月の江戸の風物詩を描いたものです。絵図の真ん中では、1本の鰹をさばく姿が描かれ、皿を持ち、それを待つ女性たちもいます。（東京都立図書館　江戸東京デジタルミュージアム）

図2　月を見ながら語らう三人の女性。
歌川国輝が描いた「江戸名所　高輪の月見」は、当時の年中行事としての月見の様子がよくわかる作品の１つです。(港区立郷土歴史館 デジタルミュージアム 高輪の月見のページ)

(港区立郷土歴史館のデジタルミュージアムは、閲覧のみでダウンロードに対応していません。今回のスクリーンショットは許可を得て使用しています。)

どんな資料なの？

「卯の花月」部分（東京都立図書館所蔵）

「江戸名所　高輪の月見」部分（港区立郷土歴史館所蔵）

　図１の作品のタイトル「卯の花月」とは、旧暦４月の異名です。中央で鰹をおろす鰹売りの男の両脇にいる女性たちが手にお皿を持ち、出来上がりを待っています。図の右手に立っている女性の家の表札には「常磐津」の文字があるので、常磐津のおっしょはんなのでしょう。江戸の長屋を舞台にした作品です。江戸時代の初鰹は、高価な物だというイメージがあるかもしれませんが、時期が過ぎ初物でなければ、このように庶民が買うこともできるほどの価格になっていたのかもしれませんね。

　次に図２を見ます。

　陰暦８月15日（中秋名月）と９月13日（十三夜）には、月見をする風習がありました。その際、薄の穂・里芋・栗・団子などを供えました。

　この絵の中央に座る女性の右脇には月見団子があります。錦絵は、当時の食を彩色で知ることができる恰好の素材でもあります。

どのように活用するの？

　浮世絵・錦絵には、当時の生活や年中行事、風物詩を伺い知ることができる素材がたくさん描かれています。じっくり見てみると、食を研究する

ための手がかりが意外に多く描かれているので、活用してみましょう。

どうしたら入手できるの？

　浮世絵・錦絵をネット上で見ることができるサイトはたくさんあります。使用時に引用サイトの掲載等のルールを守れば無料でダウンロードができるウェブサイトもあります。例えば国立国会図書館デジタルコレクションには、数多の古典籍資料・貴重書（錦絵・絵図も含む）が収録されています。

知っておきたい、大切なこと

　近年、浮世絵・錦絵を所蔵している機関では、高画質で撮影した写真データを公開することが多くなっています。資料を「調べる側」の私たちにとっては、事前手続きをして直接出向いて調査をせずとも写真で見ることができて、とても便利です。ただ、一方で所蔵館によって、その写真の使用ルールは様々です。ダウンロードをする前に必ず使用ルールを確認するようにしましょう。黙って勝手にスクリーンショットを撮って無断掲載をするのはルール違反です。

7. 料理本
──レシピの古今東西を知る

　動画のレシピが定番化しつつある現在。それでもまだまだレシピ本が多く出版されています。レシピ本は、いつからあるのでしょうか？ここでは、昭和初期のレシピ本を見てみましょう。

資料の写真や図解

図1　『おいしい日用料理の拵へ方』は、昭和5（1930）年に家庭料理講習会編で出版された料理本です。この本は、デジタル化されて国立国会図書館デジタルコレクションで読むことができます。

この本のように、著作権保護期間を満了した書籍は、データで公開されていることもあり、ネット上で手に入れることができます。

さて、この本が出版されたのは、今から約90年前のことです。当時の「日用料理」＝日常の料理は、どのようなものだったのでしょう。今との違いはあったのでしょうか。次のページで目次を見てみましょう。

（図1～図3　国立国会図書館デジタルコレクション）

　目次には○○料理という分類で分かれているものが10種類あります。野菜料理、牛肉料理、豚肉料理、馬肉料理、鳥肉料理、魚介類料理、豆腐松茸玉子料理、安価料理、手軽な西洋料理、手軽な支那料理です。この中から安価料理と手軽な西洋料理の内容（料理名）を見てみましょう。

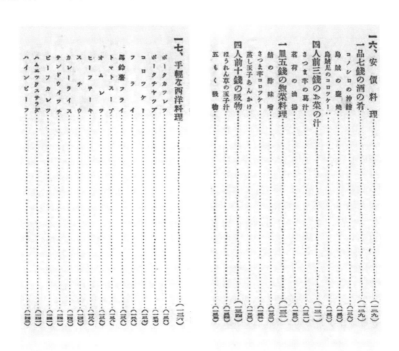

図2　目次を見てみましょう。例えば、「安価料理」の章には、「一品七銭の酒の肴」として、「コノシロの沖鱠」「烏賊の鹽焼」「烏賊足のコロッケー」。が並んでいます。烏賊は当時の食卓にとって優しい価格だったのでしょう。「手軽な西洋料理」の章には、「ポークカツレツ」「ポークチャップ」「コロッケー」など、お馴染みの料理が並んでいます。90年前の西洋料理は、意外に今とさほど変わらないようですね。

どんな資料なの？

一〇、牛肉料理

▼すき焼

白瀧を洗って処々に庖丁を入れ、葱は斜に切り牛肉は普通に切ります、牛鍋に脂肪を溶かし其の中に牛肉を入れ野菜を入れ砂糖を入れ醤油を加へて煮るのです。

▼さつま汁

牛肉を細かに切り大根は銀杏形に、ねぎは五分切に牛蒡はささがきとなし、里芋は皮をむき三分切りにして洗つておきます別に味噌汁を拵へ、右の材料を入れ肉少なら時は鰹節を削り入れて、だしを補ひ軟かになるまで煮るのです。

▼すき焼

白瀧を洗って処々に包丁を入れ、葱は斜に切り牛肉は普通に切ります、牛鍋に脂肪を溶かし其の中に牛肉を入れ野菜を入れ砂糖を入れ醤油を加えて煮るのです。

図3　次に、各料理のレシピを見てみましょう。例えば、「牛肉料理」のトップには、「すき焼」が載っています。なんとレシピは2行の短さ。シラタキを洗い、ネギを斜めに切り、牛肉は普通に（！？）切る、というもので、下準備がものすごく簡単に記されています。調理工程については、牛鍋に脂を溶かし、牛肉・野菜を入れて、砂糖と醤油を加えて煮る、と書かれています。とてもシンプルなレシピですね。はたして、全くすき焼きを作ったことの無い人が、これを読んで、満足のいくすき焼きを作れたのでしょうか。

　実は、この本の他の料理を見てみても、とてもシンプルな表現で書かれています。そして、興味深いのは、絵も写真もいっさい載っていないということです。

　これは、この時期の料理本の特徴なのでしょうか。同時期の料理本と比較をしてみるのも、良いかもしれません。

どのように活用するの？

　日本では、古くから料理書・料理本が作成されましたが、商業目的に多く刊行されたのは、江戸時代です。日本古典籍データセットでは、国立国文学研究資料館が撮影した料理本の写真データを閲覧することができます。また近年、江戸時代に刊行された料理本を対象に、江戸の文化を現代に取り込むための試みとして江戸時代のレシピを翻刻し、現代語訳にする取り組みが進められています（江戸料理レシピデータセット）。様々な時代の料理本をネット上で見ることができる環境にある現在、料理本の記され方がどのように変化したのかを、調べることは容易になってきました。また、レシピの表現のみならず、時代による食材の違いや、調味料の「量」の表現のされ方など、比較研究できる要素がたくさんあります。

どうしたら入手できるの？

　江戸時代の料理本について興味のある人は、吉井始子編『江戸時代料理本集成』全11巻、臨川書店、2007年のシリーズを見てみましょう。デジタルデータで読みたい人は新日本古典籍総合データベースを利用してください。このウェブサイトは、国文学研究資料館が中心となってすすめている事業で、国内外の資料所蔵機関と連携して、古典籍の情報や画像を検索することができるので、皆さんが見たいものにすばやくアクセスできます。

8．古文書
——御触書から江戸時代の衣食住を知る

　古文書とは、差出人・宛名間でやり取りされた書状など、紙に書かれた古い文書の総称として使用される言葉です。一般的には、中世・近世の時期に作成された文書を「古文書」と呼ぶことが多いです。

　今回は、その中でも、御触書に注目します。江戸時代における幕府や領主からの法令の公布を「御触」といい、その書付を御触書といいます。御触書を読むと、当時の暮らしにおける法規制が読み取れます。

資料の写真や図解

　御触書は、図1のような流れで村人まで伝達されました。では、どのようなことが書かれているのでしょうか。基本的に守らなければならないこと（火の用心、博打の禁止、百姓のあるべき姿）に加えて、その時毎に発令される法令（倹約令、酒造制限令など）、全国レベルのもの（指名手配の捜索、街道筋の整備）、地域レベルのもの（大規模河川の工事）など多様でした。

```
幕府→藩→各藩の領地→村役人→（村役人が読み上げる）村人

 └→代官等→幕府の領地→村役人→（村役人が読み上げる）村人
```

図1　一般的な御触書の伝達ルート

　では、さっそく御触書を見てみましょう。古文書は、公的機関では、主に公文書館・博物館・美術館等に所蔵されています。最近では、所蔵している古文書やその目録を、ウェブ上で公開している機関もあります。今回は、群馬県立文書館のウェブサイト上にある、お茶の間古文書講座のテキス

トの中から、「慶安御触書」を調べてみましょう。図2から図4をご覧ください。

　御触書の写真・釈文・読み下し文が掲載されています。これを見ることで、古文書の崩し字が読めない人でも、内容を理解できるようになっています。

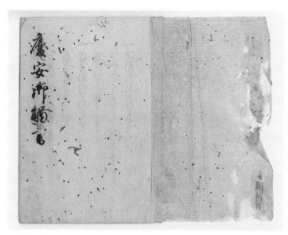

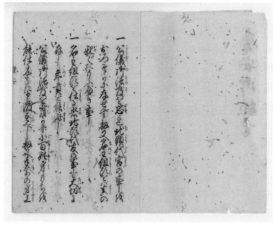

図2　「慶安御触書」の表紙と次頁（群馬県立文書館所蔵）

①（中表紙）「慶安御触書」（釈文）

一、公儀御法度を恐れ、地頭代官の事を
おろそかに存せず、扨又名主組頭をバ真の
親とおもふべき事
一、名主・組頭を仕る者、地頭代官の事を大切に
存し、年貢を能済し
公儀御法度を背かず、小百姓身もちを
能仕るやうに申渡すべし、扨又手前の身上

①（中表紙）「慶安御触書」（読み下し文・用語解説）

一、公儀御法度を恐れ、地頭代官の事を
おろそかに存ぜず、扨又名主組頭をば真の
親とおもふべき事
一、名主・組頭を仕る者、地頭代官の事を大切に
存し、年貢を能済し
公儀御法度を背かず、小百姓身もちを
能仕るように申し渡すべし、扨又手前の身上

★公儀（こうぎ）：幕府または将軍
法度（はっと）：将軍の名で公布された法令。一般に禁令・禁制
地頭（じとう）：知行地を持つ旗本
代官（だいかん）：幕府直轄地を支配する地方官、勘定奉行に属し民政一般を担当
扨又（さてまた）：ところで、さてまた
小百姓（こびゃくしょう）：村役人以外の一般百姓
身上（しんしょう）：暮らし向き、財産、身代

図3　「慶安御触書」の釈文
図4　「慶安御触書」の読み下し文・用語解説

一、百姓は衣類の義、布木綿よりほかハ、おび・
きもの裏にも仕るましき事

図5　御触書（部分抜粋）、図6　御触書の読み下し文（部分抜粋）

どんな資料なの？

　慶安期に発令された御触書は、とても有名ですので、聞いたことがあると思います。例えば、どのようなことが書いてあるのでしょうか。図5・6を見てください。中に書かれている一文を抜き出してみました。そこには、衣類は、「布木綿」より他は、帯・着物の裏であっても使用してはいけない、ということが書かれています。この時期に出された御触書には、このような条目が32ヵ条あり、百姓を統治するための規制が記されました。

どのように活用するの？

　古文書は、日本史研究に不可欠な分析資料です。これを読むためには、くずし字の読解能力も必要となりますし、本物（実物）を調査することが重要です。しかし、近年では、前述したように、ウェブサイト上で閲覧できることが多くなりました。ですので、読解のスキルさえ持っていれば、ウェブサイト上で閲覧した古文書を使用して研究することも可能な時代となりました。

どうしたら入手できるの？

　ここでは、古文書の写真、釈文、読み下し文・用語解説をウェブサイト上で見ることができる事例を紹介しました。

　実際に直接古文書を閲覧したり、調査するためには、ここで紹介したこととは別の手続きが必要となります。事前に所蔵機関に連絡をとり、古文書を所蔵している機関のHP上での説明をよく確認の上、手続きをして調査にのぞむようにしましょう。

　また、ウェブサイト上で閲覧可能な古文書の写真についても、ダウンロードや利用にあたっては、ウェブサイトに記載の内容をよく確認して対応するようにしてください。

資料をどう読み、使いこなすか

1. FAOSTAT
——海外の農業・食料について調べるには

　FAOSTAT とは国際連合食糧農業機関（FAO）の運用する巨大なデータベースで、農業や食料に関する膨大な統計データが収められています。

どうやって調べるの？

　図2　こちらが詳細を示したページ。ここでは図1の Production（生産）から Crops and livestock products を選択した画面を示しています。画面では Japan の Crops Primary の Area harvested の2020年にチェックを入れています。　得られたデータを表示させるだけでなくダウンロードすることもできます。

図1　FAOSTAT のデータ項目一覧の画面　FAOSTAT のトップページから、「DATA」をクリックするとこのページに移動します。ここで関心のある項目を探して、さらに詳細をしてしてください。

図3　図2のチェック項目で Show Data をクリックするとこの画面になります。作物ごとに収穫面積（Area harvested）の一覧が得られました。単位は ha です。図2の画面から必要な作物だけを選択することもできます。

Show Data

Domain Code	Domain	Area Code (FAO)	Area	Element Code	Element	Item Code (FAO)	Item	Year Code	Year	Unit	Value
QCL	Crops and livestock products	110	Japan	5312	Area harvested	515	Apples	2020	2020	ha	35108
QCL	Crops and livestock products	110	Japan	5312	Area harvested	526	Apricots	2020	2020	ha	14100
QCL	Crops and livestock products	110	Japan	5312	Area harvested	367	Asparagus	2020	2020	ha	5063
QCL	Crops and livestock products	110	Japan	5312	Area harvested	486	Bananas	2020	2020	ha	5
QCL	Crops and livestock products	110	Japan	5312	Area harvested	44	Barley	2020	2020	ha	63600
QCL	Crops and livestock products	110	Japan	5312	Area harvested	176	Beans, dry	2020	2020	ha	34000
QCL	Crops and livestock products	110	Japan	5312	Area harvested	414	Beans, green	2020	2020	ha	-
QCL	Crops and livestock products	110	Japan	5312	Area harvested	552	Blueberries	2020	2020	ha	-

Showing 1 to 86 of 86 rows　100　records per page

見てみよう

　国際連合食糧農業機関（Food and Agriculture Organization of the United Nations, FAO）のデータベースで、図1に示すように農業生産から、貿易、投資、また食の安全性や環境問題など様々な項目についての統計を手に入れることができます。世界の国ごとの農業や食料に関する統計資料を渉猟する際の基本です。生産（production）の下位区分に作物（crop）、加工品（crop precessed）、家畜（livestock）などの項目があり、さらに各項目には国や年度、品目、指標などの選択項目があります。図2がそれで、左上では国や地域、右上では産量（Yield）や収穫面積（Area harvested）などの指標、右下には年度、リンゴ（apples）やアンズ（apricots）が見える左下では品目を選択することができます。例えば1国を選択すれば、1国のリンゴの収穫面積を特定の年度で知ることができ、2国を選択すれば2国間の比較ができ、全てを選択すれば世界中の国別のリンゴの収穫面積を比べることができます。さらに図3は図2にチェックを入れている項目で画面下の「Show Data」をクリックした画面です。こうした形でデータを見ることができます。リンゴ（apples）、アンズ（apricots）・・・の順に作物ごとに収穫面積が示されます。図2の画面で品目を特定したり、複数の年度を指定することもできます。国や地域、品目、年度、指標の組み合わせを使いこなしてみてください。また複数年度を選べばその変化を知ることもできます。これはほんの一例ですが、このようにして世界中の農業や食料に関する基本的なデータをこのサイトから手に入れることができます。

考えてみよう

　FAOSTAT は海外の特定の国や地域の農業や食料に関する統計情報を入手しようとする時には、基本となるサイトです。無論その際に、統計

データの精度の問題や国による統計管理の仕組みなどが異なることは十分に理解しておく必要があります。しかしながら、世界全体をカバーするような統計は他にはなく、このサイトで得られる情報が大きく実態と乖離しているともいいきれません。そうした限界を十分に理解した上で、大きな趨勢を把握するには効果的です。とくに世界全体の傾向や複数の国の比較などを行う際には他に変わるものがありません。一方で、特定の国や地域などに限定した場合には、FAOのサイトを利用するよりも特定の国や地域が運用する統計データのサイトを参照する方が、正確でより詳細な情報を手に入れられることもあります。必要に応じてデータベースを使い分けられる能力を身につけてください。

この資料を使った研究成果の例

Takayanagi, N.（2006）Global Flows of Fruit and Vegetables in the Third Foo Regime（第3次フードレジームにおける世界の野菜・果物貿易の空間流動）。農村研究102号、25-41頁。

FAOSTATのデータを丹念に収集、分析して世界中でどのように青果物が動いているのかを地図に示しています。

2. 有価証券報告書
——食品企業を調べようと思ったら１

　テレビのCMなどによく出てくる食品企業は身近な存在です。こうした食品企業について調べてみようと思ったら、ネット検索も悪くはないですが、まずは有価証券報告書に着目してください。EDINETを活用できるようになりましょう。

どうやって調べるの？

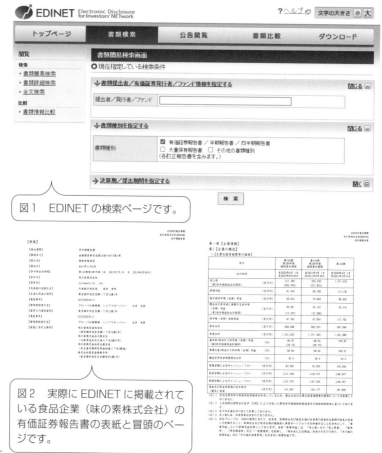

図1　EDINETの検索ページです。

図2　実際にEDINETに掲載されている食品企業（味の素株式会社）の有価証券報告書の表紙と冒頭のページです。

図3 EDINET を利用して味の素株式会社の有価証券報告書本文のコンテンツを示したものです。企業の概要に始まり、事業の状況、設備の状況、提出会社の状況、経理の状況など各項目ごとに様々なデータが掲載されていることを確認できます。関心を持った企業については、ここから必要な情報を入手してみてください。

見てみよう

　有価証券報告書とは金融商品取引法で定められた開示書類で、金融庁への提出が義務付けられているものです。企業の情報に関してはマスコミやインターネットを通じて様々なものを入手することができますが、中には信憑性が高いとはいえないものもあります。これに対して有価証券報告書は虚偽記載があった場合は犯罪となり、罰則が課せられます。このため、企業に関わる確実な資料を入手しようと思った時は有価証券報告書に注目しましょう。

　有価証券報告書には沿革や事業内容、従業員の状況などの企業の概要、事業の状況、設備の状況のほか、財務諸表などの経理の状況、及び監査報告書などが掲載されています。有価証券報告書は基本的に事業年度ごとに作成することになっていますが、事業年度を四半期に区切って開示する四半期報告書というものもあります。いずれも法律に裏打ちされた企業に関わる文字情報の決定版ともいえるものです。

考えてみよう

　上述のように個別の企業に関わって多岐にわたる情報が記載されていますので、じっくり目を通すと様々なことがわかります。一方で、資料として活用する際には、必要に応じて記載事項を取捨選択してください。また、複数年次で比較したり、複数企業間で比較することも有効な活用法です。また、同様のものは海外にもあり、アメリカ合衆国では Form 10-k があります。これは米国証券取引委員会（US Securities and Exchange Commission, SEC）への提出が義務付けられた企業の年次報告書です。そこにアプローチすることで、海外企業についても同様の資料の収集が可能です。

　やや脱線しますが、私は就職活動をする学生には、希望の企業の有価証

券報告書ぐらいはしっかり読み込んでいくように指導しています。

さらに考えるためのヒント

　有価証券報告書はそれぞれの企業が自身のウェブサイトで公開している
ケースも少なくありませんが、ここでは EDINET を紹介します。金融庁
の運営するシステムで、有価証券報告書をはじめとした開示書類が閲覧で
きます。また、基本的に有価証券報告書は、財務省の出先機関である財務
局や証券取引署で閲覧できることになっているほか、有価証券報告書を縮
刷した有価証券報告書総覧（冊子およびマイクロフィルム）もあります。

　まずは EDINET で検索してください。すぐにトップページに辿り着き
ます。図 1 は EDINET のトップページから「書類検索」を選択した画面
です。これが検索ページです。ここに調べようとする食品企業の名称を入
力します。図 2 は実際に味の素株式会社を入力して得られた有価証券報告
書の表紙です。これは表紙だけですが、実際の有価証券報告書は数百ペー
ジに及ぶものもあり、当該企業に関する公開されている多くの情報を手に
入れることができます。EDINET ではそれらを PDF などの形式でダウン
ロードすることができます。

　また、東洋経済新報社の「会社四季報」や日本経済新聞社の「日経会社
情報」などの企業情報誌は一般的に投資家を前提にしたものと位置付ける
ことができますが、有価証券報告書と同様に食品企業を調べる際の効果的
な情報源として活用することができます。

3．社史
——食品企業を調べようと思ったら 2

　特定の企業に絞って情報を集めようとする時、その企業が社史を編纂していればそれを放っておく手はありません。

どうやって調べるの？

図1　このような形で多くの食品・農業関連企業が社史を編纂しています。
左から野田醤油株式会社35年史 (1955) 雪印乳業史 (1960)

図2　なかにはインターネット上に社史を公開している企業も少なくありません。

図3　前ページ下段とこの写真は森永製菓の森永五十五年史（1954）です。戦時下の海外進出の様子や昭和中期の進物商品など、写真をふんだんに使って紹介されています。もちろん当時の関係者の貴重な叙述や当時の統計など様々な資料も掲載されています。

図4　森永製菓100年史表紙

見てみよう

　食品や農業に関する企業に着目して資料を集めようとする時、社史に注目するのも1つの方法です。すでに示したように有価証券報告書の類を入手するというのも有効な方法ですが、基本的には現時点での企業の情報ということになります。一方で、社史は何十周年や百周年などの節目の年の記念事業として企業が取り組むもので、その期間の様々な資料が集大成されます。また、一般に公開されている情報だけではなく、その企業が独自に持っていた資料などもここに掲載されることがあります。

　創業が古い企業は何度も社史を編纂している場合もありますし、百周年史を持っている食品企業も決して少ないわけではありません。一般的に企業での調査や資料収集には制約がかかることがあります。企業秘密など公開されたくない情報が少なからず関わってくるからです。そうした中で、まとまった企業情報を体系的に入手できる優れた資料といえます。ただし、利用にあたってはあくまでも当該企業の作成した資料であることや、記載されている内容の時代背景や編纂された時期の時代背景なども十分に考慮することも忘れてはいけません。この留意を怠ると短絡的、独善的な議論に陥ってしまいかねません。

　図1と図2はそうした社史の一例です。図1は書籍として刊行されたもの、図2はデジタル版の社史です。また、図3の2枚の写真は記載内容の一例です。当該企業だからこその貴重な資料の一端を垣間見ることができます。図4は同じ企業の100年史の表紙です。

考えてみよう

　例えば、戦前の食品企業の動向を探りたいなどという場合は、社史が重要な情報源になることがあります。もちろん関係者に聞き取りをするのも重要な方法ですが、古い時代で存命の関係者が限られる場合など、社史に

頼らざるを得ないところがあります。公にされている統計では把握できない個別の企業の動向を捉えるために社史は重要です。

さらに考えるためのヒント

図書館などから社史を検索し、所蔵館を尋ねるというのがオーソドックスな方法ですが、当該企業のお客様相談窓口などに問い合わせてみるという方法もあります。私の経験では企業の資料室などで閲覧させてくれることもありましたし、理由を説明すると研究のためならといろいろ便宜を図ってくれることもありました。

また、社史のデータベースとして「渋沢社史データベース」があります。他にも、愛知大学中部地方産業研究所が精力的に社史の取集を行っていることも付記しておきます。

この資料を使った研究成果の例

荒木一視（2017）戦前の日本の食品企業の海外展開—フードチェーン構築の諸類型—。Journal of East Asian Identities、2号、1-20頁。

社史を元に戦前の日本の食品企業が世界中に張り巡らせたフードチェーンの一端を描き出しています。今でこそ和食が世界中で食べられ、日本は世界有数の食料輸入国ともいわれますが、戦前から日本の食品企業は海外からの食料資源の調達と海外市場の開拓に取り組んでいたのです。

4. タウンページ（電話帳）
——身近な文字情報の活用1

　官製の統計や様々な報告書ばかりが文字資料ではありません。ここでは身近な文字資料の活用方法としてタウンページ（電話帳）を取り上げます。

どうやって調べるの？

図1　iタウンページのトップページです。ここから様々な食や農に関わるビジネスにアクセスすることができます。

図2　こちらは冊子の電話帳

図3　大正10年の大阪市商工名鑑（国立国会図書館デジタルコレクションより）

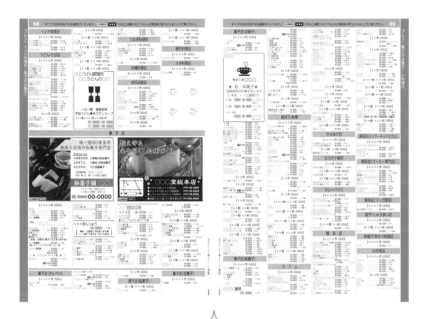

図4　電話帳を開いたところ、グルメのページを開くと、インド料理店、うどん・そば店、うなぎ料理店…と並びます。店名と電話番号、住所が一覧でききます。

図5　iタウンページのジャンルの項目から、「ショッピング」と「グルメ・飲食」を選択して中ジャンルを表示してみました。たくさんの食べ物に関する情報が掲載されています。

155

見てみよう

　タウンページはある意味で食に関する文字資料の宝庫ともいえます。か
つて電話帳といえば、分厚くて重たいものの象徴のようにいわれていまし
たが、今ではほとんど手にとることはありません。しかし、電話帳調査は
古くからある調査手法で、これを使えば対象とする地域に飲食店や食料品
店、あるいは農機具店や種苗店、お菓子屋さんやベーカリーが何軒あるの
かがわかりますし、もちろん当然ですが店名と連絡先の電話番号もわかり
ます。また、電話帳には住所が略記されているので、所在地もわかりま
す。また、同じ外食の店でも寿司店、うどん店、ラーメン店などカテゴ
リー別に仕分けられているので検索だけでなく、集計も容易です。今では
旧来の電話帳に代わってインターネット版のタウンページが活躍します。
同様の内容をインターネット上で入手できるようになりました。また、ワ
ンクリックでそれらを地図上に表示することもできます。図1は実際のイ
ンターネット版のタウンページ（iタウンページ）のトップ画面で、図2
は冊子体の電話帳の表紙です。中身は前ページの図4、図5に示されま
す。どちらにも地域の食に関係するビジネスが満載です。また、図3は大
正時代の商工名鑑です。電話帳というわけではありませんが、こうした名
鑑には業種や地域ごとに商工業社の一覧が掲載されています。

考えてみよう

　上述のようにタウンページに掲載された食品関係の店舗や事業所など
は、現代社会の食品産業の一断面とみることができます。これを使えば、
立地動向や特定の業種の集積度合いなどを判断することができます。同様
に、過去のタウンページを見ることができれば、対象とする店舗や事業所
がいつごろできたのか、という時間軸での分析も可能になります。過去の
電話帳に関しては1960年代半ば以降であれば、国立国会図書館で閲覧する

ことが可能です。

　同様にして海外の電話帳を手に入れることができれば、その電話帳の発行された都市の食品店や飲食店などの情報をたちどころに手に入れることができますし、過去のものを手に入れられれば、半世紀前や戦前の食品事情を再現する手立てになります。特に戦前にまで遡ると今と同じような電話帳を探すのは困難かもしれませんが、当時も「商工業者名鑑」のようなものはたくさん発行されていました。これらを使えば、現在のタウンページとほぼ同様の資料を手に入れることができます。

さらに考えるためのヒント

　ここではiタウンページを紹介しましたが、同様の情報はGoogleの検索や、Google mapなど類似のインターネットのサービスからも入手することができます。また、これは厳密には文字資料とはいえませんがゼンリンの住宅地図も同様の情報源として活用することができます。

この資料を使った研究成果の例

　荒木一視（2006）和菓子屋さんとローカルフード―伝統食品の製造販売にみる今日の広域食材・食品供給およびご当地性―。山口大学教育学部研究論叢　第1部・第2部　人文科学・社会科学・自然科学　62巻、19-35頁。

　山口市、宮崎市、岡山市の和菓子店での調査の結果から、和菓子のフードチェーンを検討しています。この調査の基礎となっているのが各都市の電話帳を用いた和菓子店リストの作成ということになります。

※iタウンページは、NTTタウンページ㈱が運営するインターネットサイトです。
ご利用にあたって情報閲覧は無料ですが、インターネット接続にかかわる回線・プロバイダー等の契約および料金が別途必要です。
※タウンページはNTT東日本・NTT西日本が発行する職業別電話帳です。
※「iタウンページ」「タウンページ」の画像は2022. 8月現在のデータであり変更になる可能性があります。

5．メニュー、伝票、日記…
──身近な文字情報の活用2

　ここまで幾つかの文字資料を提示してきましたが、食べ物に関わる文字資料は無数にあるといっても過言ではありません。アイデア次第でその学術的な活用も無限大です。

どうやって調べるの？

図1　インドのとあるレストランのメニューです。それぞれの料理の価格がわかるのはもちろんですが、お昼の営業時間が12時半から3時、夕方が7時半から11時という記載があります。私たちの営業時間からみるとちょっと遅いように感じます。このように彼の地とのライフスタイルの違いを読み取ることもできます。ベジタリアンとノンベジタリアンメニューに分けられていること、鶏肉はあっても牛肉、豚肉は提供されないことはもちろんです。また、見た目にきれいなことも大切です。

図2　商品の裏側に書かれている食品表示の一例です。左は日本のお茶、右は中国のお茶の缶の裏側です。

図3　袋麺の裏側です。ここにも文字資料がたくさん詰まっています。例えば、このラーメンは製造所が福島県なのに販売者は広島県です。なぜでしょうか。そこに目をつけることで、食科学につながっていきます。

取扱説明書
保証書つき

JPI-G型

もくじ

はじめに	メニューガイド

基本の炊きかた	困ったときは

予約炊飯・予約吸水	その他

| 調理 |

| お手入れ |

TIGER

家庭用 圧力IHジャー炊飯器〈炊きたて〉

このたびは、お買い上げまことにありがとうございます。ご使用になる前に、この取扱説明書を最後までお読みください。
お読みになった後は、お使いになる方がいつでも見られるところに必ず保管してください。

圧力IHジャー炊飯器は内部が高圧になるため、取り扱いを誤ると危険ですので、この取扱説明書をお読みになり、
正しくお使いください。

この製品は日本国内の交流100V専用です。電源電圧や電源周波数の異なる海外では使用
できません。また、海外でのアフターサービスもできません。
This product uses only 100 V (volts), which is specifically designed for use in
Japan. It cannot be used in other countries with different voltage, power frequency
requirements, or receive after-sales service abroad.
本产品仅限于日本国内的 100V 交流电压下使用,不可在日本之外的国家使用频率
压和电源频率下使用,在海外不提供服务。

ご意見をお寄せください。
https://www.tiger.jp/

図4　炊飯器の取扱説明書、アイデアひとつでこの冊子に書かれている情報が学術的な資料になることだってあります。

見てみよう

　食に関わる文字資料は無限にあるといいました。ここまでに言及しきれなかった身近な文字資料を取り上げて、その一端に触れておきたいと思います。

　身近な文字資料として、例えばレストランのメニューや給食の献立表、スーパーのチラシやレストランのレシート、商品のパッケージの裏にある栄養成分や消費期限、生産地などの食品表示、さらには炊飯器や電子レンジの取扱説明書、SNS に毎日のようにアップされる料理に対する感想やコメント、あるいは日記帳なども極めて重要な学術的資料を提供してくれます。もちろん、新聞や雑誌、電車の中吊りなどの様々な広告も食べ物に関する文字資料を提供してくれますし、レシピサイトや飲食店のレビューサイトには食べ物の情報が溢れかえっています。もうキリがありません。

　例えば、図 1 はインドのとあるレストランのメニューを示したものです。価格はもちろんですが、どのような料理が提供されるのかに着目すれば、その背景にある食の習慣や文化なども読み取ることができます。図 2 はお茶缶の食品表示です。こういうところからも食の習慣や文化の一端を垣間みることもできます。図 3 の食品表示や図 4 の取扱説明書もよく目にするものですが、ここからも様々のことが読み取れます。

考えてみよう

　日記帳の記載からは、誰がいつ何を食べたかを読み取ることができます。これによって、古い時代の食生活を復元することもできますし、小遣い帳があれば当時の物価や家計もわかります。また、農家の日記であれば農事暦を正確に再現することもできます。特にライフヒストリーの分析というアプローチにおいては日記は重要なアイテムです。また、伝票や帳簿の類は一般の消費者にとっては身近なものではないかもしれませんが、間

違いなく消費者の日常の暮らしを支えている文字資料でもあります。それらは、その商売に携わる人にとっては、商売道具でもあり日常的にやり取りする書類です。これらの文字資料にアクセスできると、統計などの官製の文字資料からは把握できない、興味深い情報を手に入れることもできます。

さらに考えるためのヒント

こうした文字資料は至る所にあります。アイデア次第で宝の山ともいえます。是非あなたの目の付け所で面白い文字資料を手に入れてください。

この資料を使った研究成果の例

林琢也（2007）青森県南部町名川地域における観光農業の発展要因―地域リーダーの役割に注目して―。地理学評論　80巻、635-669頁。

この論文では、当地の観光農業がどのような人をターゲットにしているのかを宅配伝票から分析しています。

桐村喬（2015）ビッグデータからみた地域の諸文化―方言と食文化を事例に―。立命館地理学　27号、23-37頁。

この論文ではSNSログデータを用いて、地域の食文化の分析を試みています。

箸本健二・駒木伸比古（2009）コンビニエンスストアの店舗類型とその平日・週末間での差異―首都圏287店舗のPOSデータ分析を通して―。都市地理学　4巻、1-19頁。

この論文ではPOS（Point of sale, 販売時点情報管理）データを用いて、コンビニエンスストアの分析を試みています。

6. 包丁塚
――道具への感謝

　日本人は生き物だけでなく無生物である道具についても供養をしてきました。包丁塚にはどのような意味が込められているのでしょうか。

どうやって調べるの？

　図1は石川県加賀市山中温泉の医王寺境内にある包丁塚です。「お薬師さん」と呼ばれる医王寺は山中温泉の守護寺として薬師如来を本尊としています。この温泉を中心とする大聖寺川の流域には山中漆器の産地が広がっています。山中漆器は木肌を活かした轆轤挽きに特色がありますが、私はその担い手である「木地師」と呼ばれる職人について調査のため、ご住職の協力のもと、このお寺に下宿させてもらいながらフィールドワークをしていたのです。さて、ここ山中にはいうまでもなく温泉旅館がひしめき合っています。温泉旅館といえば料理がつきものです。この包丁塚もそのことと関係がありそうです。

図1　包丁塚（石川県加賀市医王寺境内）
碑の裏面には「昭和四十二年八月二十二日起　日本調理師会□願祀　南畑聖包」とある。

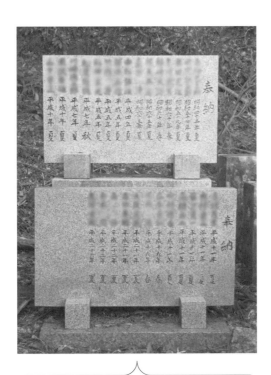

図2　奉納者の銘
昭和43年から平成26年まで都合27名の奉納者名が
記されている。

図3　『包丁塚供養帳』
包丁塚供養の願文と奉納者名
が記帳されている。

見てみよう

　包丁塚と刻まれた碑が石組みされた台座の上に建立されています。碑文から昭和42（1967）年8月22日、日本調理師会の南畑聖包なる人物が建立したことがわかります。その周りを「加賀調理師会」と銘のある玉垣が囲っています。玉垣の一柱一柱には包丁塚を建立するのに寄進をした調理師会メンバーの名前も刻まれています。また、右奥の方には昭和43年から平成26年までの27名の奉納者名の記された副碑もみえます（図2）。包丁塚とはいったい何でしょうか？

　住職の話によると、包丁塚は料理人が仕事を辞めた時に、自分のこれまで使っていた包丁をこの塚の内部に収めて奉納するのだそうです。そして、お盆の頃になると加賀調理師会の主催で、道具に対する感謝の意を込めて、お寺で「包丁塚供養祭」が行われます。さらに、同じ境内にある不動の滝ではお祭りの後、生きた鯉を放す魚供養も行われます。

　図3は住職に閲覧を許された『包丁塚供養帳』です。ここには供養の願文と包丁の奉納者名が記されていました。

考えてみよう

　供養の願文には冒頭「食は生の源、料理は事のはかりおさめる本なり、その元始をたづぬれば皇祖十二代景行天皇の御代に遡り」と書かれています。これは何を典拠としているでしょうか。奈良時代に編纂された最古の歴史書である『日本書紀』（小学館、新編日本古典文学全集）を紐解くと、景行天皇53年10月に「膳臣の遠祖で、名を磐鹿六鴈という者が、蒲を襷にして、白蛤を膾につくって献上した。それゆえ、六鴈臣の功を賞して、膳大伴部を与えられた」という記述があります。このことは例えば、江原絢子・東四柳祥子編『日本の食文化史年表』（吉川弘文館、2019年）にも見えており、『日本書紀』を参照したことは間違いないでしょう。ま

164

た、願文には「日本調理師会師範南畑聖包翁」が「調理士道の先徳の遺徳を敬仰せんがため、又一つには斯業の益々の研鑽を誓わんがため又一つには調理士道の弥栄を祈らんがため」包丁塚の建立を発願したとあります。

　日本調理師会、加賀調理師会とはどのような団体なのでしょうか。また、建立された昭和42年とはどのような時代だったのでしょうか。昭和43年から平成26年までの包丁の奉納者は山中にゆかりの料理人なのでしょうか。さらに、今日の「包丁塚供養祭」にはどのような人たちが出席しているのでしょうか。その人たちは料理をすることや包丁を扱うことに対してどのような思いを抱いているのでしょうか。このようなことを明らかにするためにはフィールドワークも必要です。

さらに考えるためのヒント

　包丁塚は各地にあるので比較をしてみましょう。また、無生物を対象とした供養として筆供養、針供養、人形供養、時計供養など様々なものがあります。こうした供養は日本人の道具観の表れですが、そこには道具に命（魂）が宿るという考えが反映されているようです。

　供養の対象としては無生物より生き物の方が圧倒的に数は多いです。食物となった動植物の命との向き合い方を考えてみましょう。田口理恵編著の『魚のとむらい―供養碑から読み解く人と魚のものがたり』（東海大学出版会、2012年）や「生き物供養碑 topic map」（国文学研究資料館 相田満研究室作成）といったデータベースは全国的な供養碑の分布を把握するのに役立ちます。

7．発祥地碑を読む
——兵庫県丹波市春日町の大納言小豆発祥地

　大納言小豆って聞いたことありますか？　粒が大きく俵のような形をしていて煮崩れしないといった特徴があります。京菓子やちょっと高級な和菓子の材料に用いられます。その産地は丹波や京都、備中、能登などありますが、いずれも小規模で北海道産が他を圧倒しています。なぜ、丹波市春日町は大納言小豆発祥地になったのでしょうか。

どうやって調べるの？

　発祥地碑は記念碑の一種です。その形は様々ですが、石碑であることが多いようです。石碑には文字が刻まれています。その意味で発祥地碑も石に書かれた文字資料とみなすことができます。しかし、ある土地に発祥地を標ぼうするランドマークとして建立されている点に着目すると、非文字資料としての側面をあわせもっているといえます。

　発祥地碑は発祥とゆかりのある場所に建立されています。神社や寺の境内に建てられていることもあります。日外アソシエーツ編『日本全国　発祥の地事典』の分野別索引を見ると、例えば、農林水産分野では168箇所、食品分野では57箇所の発祥の地が掲載されています。ウェブサイト「発祥の地コレクション」も参考になります。

　発祥地碑には碑文や建立年、建立者などの文字が刻まれています。いつ、誰が、どのような目的で建立したのか文字情報を読みとりましょう。それがどこに建てられているのか、祭りなど儀礼が行われているのかどうかも調査のポイントになります。

図1　大納言小豆発祥地碑（兵庫県丹波市春日町東中地区）

図2　副碑
碑文には次のような大納言小豆の由来が書かれています。
　宝永2（1705）年当時の亀山藩主は領内東中に産する小豆は　他に比類のない優秀なものであると賞揚し　特に庄屋に命じて精選種を納めさせ　さらにその内より特選したものを江戸幕府に納めた　幕府はその幾分を京都御所に献じたが　これが小豆献納の起源となって　明治維新に至るまで継続することとなった
　京都御所においては　多くの特長を持ったこの小豆を賞味し　味も優れ　煮ても腹の割れないところから「大納言は殿中で刀を抜いても切腹しないですむ」ことになぞらえて「大納言小豆」と名づけたと言われ早くよりその名聲を称えられて来た
　　　　　　　　　　　　　　　　　　　　昭和六十二年　七月吉日
　　　　　　　　春日町　春日町農業協同組合　東中区建之
　　　　　　　　　　　　　　　　　　　□堂　井上敏夫書

見てみよう

　碑文には大納言小豆の由来とともに、昭和62（1987）年7月、当時の春日町と春日町農業協同組合、および東中区の人たちが建之したことが書かれています。産地振興の機運があったのかもしれません。詳しい経緯を知るには県立図書館の郷土資料コーナーで関連資料を調べたり、農協、あるいは生産者の方からお話を聞かせてもらったりするなどフィールドワークも必要です。

考えてみよう

　この発祥地碑はどんなところに建てられているでしょうか？国土地理院が発行している地形図（デジタルの「地理院地図」でもよい）には地図記号として記念碑のマークがあります。これは立像を含めた有名なものや良い目印となるものをあらわしています。つまり、地図記号の記念碑は顕彰や信仰の対象物だけとは限りませんし、記念碑を網羅したものではありません。この記念碑は東中地区を東西に結ぶ道路と三尾山に向かう南北の道路が直交するところにあって、ランドマークとなっているようです。その東西の道路はおそらく集落内の道路より新しく出来たものと思われます。記念碑の周囲は水田が卓越しています。集落の東方にわずかに畑が見えますが、小豆を栽培しているかどうかはわかりません。

さらに考えるためのヒント

　『春日町誌第4巻』（春日町役場、1995年）によると、地図中にみえる舞鶴若狭自動車道（近畿自動車道敦賀線）が開通し、春日インターチェンジが設置されたのは昭和62年3月でした。そして同じ年には東中地区から三尾山に向かう南北の道路、すなわち県道東中・下坂井線（289号線）が舗装新設されています。建碑はこのことにも関係がありそうです。

　また、2021年11月１日から2022年２月18日までの期間、６回目となる
「丹波大納言小豆ぜんざいフェア」が丹波市や丹波ひかみ農業協同組合、
丹波市商工会、丹波市観光協会などが組織する丹波大納言小豆ブランド戦
略会議の主催で開催されました。これは丹波市全域の加盟飲食店で大納言
小豆を使ったぜんざいを味わえるというイベントです。同戦略会議は11月
１日を、古来より日本で小豆や赤飯を食べる習慣があることに因んで「丹
波大納言小豆の日」と定めています。

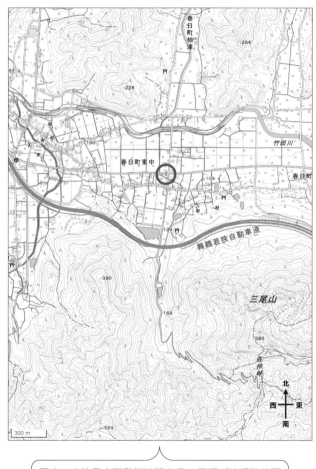

図３　大納言小豆発祥地碑とその周辺（地理院地図
より）

8．企業博物館で調べる
──容器文化ミュージアム

　食に関する資料を展示したり収蔵したりしている施設は公立博物館だけではありません。企業博物館は業界のあらゆる部門に通じた専門博物館といえるでしょう。

どうやって調べるの？

　企業が運営する博物館のことを企業博物館といいます。経営人類学を専門とする中牧弘允氏によると、その名称には「博物館、資料館、史料館、記念館、文化館、科学館、工芸館など漢字表記のもの」、「ミュージアム、センター、ランド、ピアなどカタカナ表記のもの」があるようです。法的定義をすると、企業の定義と博物館の定義が交錯したものとなりますが、自由に独自な運営がなされているところが多いようです。

　私たちの消費生活の多くの部分は企業の活動によって支えられています。その活動に注目することは暮らしの理解につながります。企業博物館は本来、その企業のPR、社会貢献を含めた取り組みを紹介するための広報普及施設といえますが、私の知る限り、企業のPRを超えた当該テーマの専門博物館といっても過言ではありません。ここでは私が最近訪問した、東洋製罐グループホールディングス株式会社が運営する容器文化ミュージアム（東京都品川区）を紹介します。この博物館は人と容器との関わりから最新の容器包装まで取り上げ、その歴史や技術を展示するとともに、容器包装の文化を情報発信することを目的としています。この博物館は令和4（2022）年3月に文化庁が認定する「食文化ミュージアム」に選ばれました。

図1　容器文化ミュージアム
（東京都品川区東五反田）
東洋製罐グループホールディ
ングス株式会社の本社ビルの
1階にあります。（筆者撮影）

図2　インバーテッドボディメーカー
展示解説によると、これはアメリカン・キャン・カンパニーが大正元（1912）年に製造し
たもの。東洋製罐株式会社（当時）では1919（大正8）年に自動製缶機が導入されて以
来、缶詰それ自体と缶の製造が分業化し、本格的な製缶業が始まります。それまでは缶詰
会社の職人が半田ごてを使って手作業で缶を作っていたのです。
展示の機械はもともとアメリカで稼働していたものを第一金属工業株式会社が創業当時に
導入し昭和63（1988）年まで使用していたもの。容器文化ミュージアムの開館にあたり寄
贈を受けたとあります。（筆者撮影）

見てみよう

図3　「容器包装の役割」展示の1コマ（筆者撮影）

展示は「01　人と容器のかかわり」「02　容器包装の役割」「03　容器包装NOW！」「04　環境」「05　循環する容器包装」「06　缶詰ラベルコレクション」の6つのテーマで構成されています。実物資料やレプリカ、年表、解説パネル、情報端末、ゲームなどを通して楽しく学習するとともに、容器包装に関わる業界の様々な情報を引き出すことができます。図書コーナーもあります。エントランスに展示されている約100年前の自動製缶機「インバーテッドボディメーカー」は国立科学博物館の「重要科学技術史資料（未来技術遺産）の登録を受けています。

考えてみよう

　6つのテーマからいくつか問題を出しましょう。1つ目、容器包装にはどのような役割があるでしょうか？あなたの身近にある容器を取り出して考えてください。2つ目、加工食品の容器は食べ物をおいしく、安全に守るためどのような工夫が凝らされているでしょうか？ジャムのビンを例に考えてください。3つ目、容器は環境に配慮して生み出されています。容器の3R（リデュース・リユース・リサイクル）のため企業はどのような取り組みをしているでしょうか？答えはぜひ容器文化ミュージアムに足を運んで調べてほしいのですが、新型コロナウィルス感染症拡大防止の観点

図4　３Rの推進と環境に配慮した容器の紹介
左からレンジパウチ、バイオマス材キャップ、超軽量リターナブルびん、
リサイクル材のボトル（リサイクル率の違う3つのプラスチックボトルを
展示）、TULC（タルク）、紙製絞り蓋（紙コップの蓋）。３Rを推進し循
環型社会をめざす企業の姿勢がうかがえます。（写真提供：容器文化
ミュージアム）

から、容器文化ミュージアムのホームページ上で「オンラインミュージア
ム」が開設されています。利用してみましょう。

さらに考えるためのヒント

　ここでは容器文化ミュージアムを取り上げましたが、日本にはたくさん
の、様々な分野の企業博物館があります。本文中で紹介した、中牧弘允・
日置弘一郎編『企業博物館の経営人類学』（東方出版、2003年）や中牧弘
允「企業博物館の視点から」『社会システム研究』特集号（2015年7月）
所載の企業博物館のリストは手がかりになります。また、関心ある企業の
ホームページを調べてみることも必要です。

9. 日記を読む
——明治時代の日記から乳製品と鶏卵の価値を考える

　過去の人々が書き残した日記からは、個人の行動の記録や考え方が読み取れます。さらにその当時のモノの価値や社会の状況など、様々なことを読み取ることもできます。

　ここでは明治時代の日記を事例に乳製品と鶏卵の価値を考えてみましょう。

どうやって調べるの？

　そもそも、人はいつから「日記」を書き始めたのでしょうか？「日記」の語の初見は古く、1世紀の後漢の時代ともいわれています。日本では、日々を記した「日次記（ひなみき）」が平安時代中期以降から急増しました。日記にも色々な種類があります。自分のための日記＝私日記・職務日記＝公日記・残すための日記＝記録等々。平安時代から江戸時代末までに限っても、知られている主な私日記は数百点にのぼるともいわれています。

　私たちが、それらの日記を見る方法としては、著書として刊行されているものや、研究者によって「資料紹介」「翻刻資料」という形で、学術雑誌に掲載されているものがあります。ジャパンナレッジでは『日本古典文学全集』全巻を電子媒体で読むことが可能です。本シリーズには、とても多くの日記が収録されていて、全文検索も可能ですので、複数の日記を何かのキーワードで横断検索をすることもできます。また、刊行されていない日記も、日本中にたくさん残っています。博物館等の社会教育機関、神社、寺院、地域あるいは個人単位で所有されています。これらを閲覧するためには、所蔵館のルール、所有者の意志にしたがって手続きを取った上で、熟覧し、研究することができます。加えて、日記の書かれた時代ごとに文字のスタイル（くずし字）や文体が異なりますので、日記を読む以前

に読解することができるスキルを身につけておくことが必要です。

　さて、ここからは、明治期の日記「小橋勝之助日誌」を事例に、過去の日記から食の価値を考えるための方法を紹介します。

　小橋勝之助に関する研究については、室田保夫氏らの一連の研究があります。

「小橋勝之助日誌（1）」～「小橋勝之助日誌（7）」は https://kwansei.repo.nii.ac.jp からダウンロード可能。本書で紹介している日誌は、室田保夫・鎌谷かおる・片岡優子「小橋勝之助日誌（二）」関西学院大学「社会学部紀要」105号、2008年 https://kwansei.repo.nii.ac.jp/?action=pages_view_main&active_action=repository_view_main_item_detail&item_id=17273&item_no=1&page_id=30&block_id=85

図1　小橋勝之助とは
1863（文久2）年播磨国生まれ。児童養護施設博愛社の創設者。小橋勝之助は何冊かの日記を残しているが、ここで紹介するのは、「天路歴程」は1892（明治25）年2月21日から12月31日まで。（『小橋勝之助日誌　天路歴程』から引用、写真は博愛社所蔵）

見てみよう

（意訳）今日は朝から晩になるまで静かに病気を療養しました。咳をしたり痰を吐くことも減りました。テレビン油の吸入が功を奏したようです。今日から朝夕の洗拭方をおこない、とても良いです。（一）食事三度、米粥、豆腐、油揚、菜類、豆類、肉類（時々少量）、鶏卵（大略1日3個）、牛酪（1週間に1缶、鶏卵の代用）、小麦粉、漬物（以下略）

十五日（火曜）今日は朝より晩に至るまで静かに病気を療養せり咳嗽喀痰大に減じたりテレビン油の吸入大に功を奏せり又今日より毎朝夕の洗拭法を行ふ大に善し

（一）食事三度、米粥、豆腐、油揚、菜類、豆類、肉類（時々少量）鶏卵（大略一日三個）牛酪（一週間一罐鶏卵二代用）小麦粉、漬物、

（二）テレビン油吸入、塩刺含漱薬、健胃剤（塩酸、苦味丁幾）砒結丸、

（三）毎朝夕胸部腹部手腕部洗拭、新鮮ノ空気呼吸、軽易の運動、安眠、入浴

（四）午前二時間午后二時間ノ外決して書見すべからず、又長き間の談話を避くべし一人の人に二十分より以上の談話すべからず、又可相成家事の干渉を避くべし

図2　上の資料は、1892年3月15日の日記です。この時期、小橋勝之助は、病を患っていました。療養中の食事の食材が詳細に記されています。

考えてみよう

3度の食事の食材として、「米粥・豆腐・油揚・菜類・豆類・肉類（時々少量）、鶏卵（大略1日3個）、牛酪（1週間に1缶、鶏卵の代用）、小麦粉、漬物」と書かれています。病人の食事ゆえかどうかは不明ですが、とてもバランスの取れた食材群です。

　注目すべきは、鶏卵と牛酪についての記述です。ここでは、1日に3個の鶏卵を食していることがわかります。3個というのは、現在の一般的な食生活と比べると多い方だと思います。また、牛酪を1週間に1缶使用し、その理由は、鶏卵の代用であることが記されています。牛酪とは、牛乳の脂肪質を固めたもののことです。

　さて、この記述から2つの疑問が生まれます。1つ目は鶏卵は明治時代の人々にとってどのようなものだったのか、という点です。病人の食事と考えた場合、毎食1個、しかも牛酪も鶏卵の代用に食していた、とあることから、鶏卵が滋養に良いものとして価値づけられていたことが推測できます。また2つ目は牛酪についてです。1週間に1缶とありますが、それはどの程度の分量だったのでしょうか。1回の摂取量が気になるところです。

さらに考えるためのヒント

　先に挙げた疑問を解くためには、色々な方法があります。例えば、鶏卵については、当時の料理書で栄養面についてどのような説明が書かれているのかを調べたり、物価を調べて1個あたりの価値を想定することも可能です。また、牛酪については、当時のパッケージを広告で調べてみたり、統計データを調べて日本人の日常食にどの程度牛酪が定着していたのかを調べてみるのも良いと思います。

　このように、日記の数行だけを読んでみても、疑問点や解明できることが多くあります。しかし、日記を読んで、そこから研究しようとする際には気をつけなければいけないことがあります。それは、単に書いてあることのみを鵜呑みにしてはいけないということです。作者がどんな人物で、その時どのような状況に置かれているのかによって、日記の書きぶりは変わります。また、日記の作成意図によっても内容ひとつひとつ精査することが必要です。さらに、作成時の社会状況なども踏まえて読みとくことも重要です。

10.　物語の中で描かれる「食」
──平安時代の食事マナーを探る

　平安時代に作られた物語は、全集が刊行されるなどしているので、簡単に入手することができます。みなさんはどのような物語を読んだことがありますか。物語の「食」に注目してみると、作成年代の食習慣や食の価値を読みとることができます。今回は、平安時代に作られた物語を通して、当時の食事マナーを探ってみましょう。

どうやって調べるの？

　古典の作品は、これまでは本でしか読むことができませんでしたが、近年は、ウェブ上でも読むことができるものも増えてきました。例えば、ジャパンナレッジで読むこともできます。

図1　ジャパンナレッジ　本棚　読書コーナー

　実際に本を手に取って読むことが基本となりますが、ある一定の事柄（例えば、特定の食について調べたい等）を検索したいとなると、たくさんの物語を短期間で読破することは困難です。しかし、デジタルデータで検索することで、それを可能にすることができます。

　ジャパンナレッジを使って、平安時代の物語に出てくる単語を検索してみましょう。そうすることで、多くの物語を一から読まなくても、どの物語に、食に関するどのようなワードが出てくるか、知ることができます。

Japan Knowledge（ジャパンナレッジ）とは、株式会社ネットアドバンス（小学館グループ）が提供している、有料のインターネットサービスです。辞書類を中心に約70種類以上のコンテンツを提供しており、日本最大の辞書・事典の検索サイトです。個人向けのPersonalと法人向けのLibがあります。

二十三　筒井筒

　むかし、ゐなかわたらひしける人の子ども、井のもとにでて遊びけるを、おとなになりにければ、男も女もはぢかはしてありけれど、男はこの女をこそ得めと思ふ。女はこの男をと思ひつつ、親のあはすれども聞かでなむありける。さて、このとなりの男のもとより、

かくなむ、

　　筒井つの井筒にかけし
　　まろがたけ過ぎにけら
　　しな妹見ざるまに

女、返し、

　　くらべこしふりわけ髪
　　も肩すぎぬ君ならずしてたれかあぐべき

などいひいひて、つひに本意のごとくあひにけり。

　さて年ごろふるほどに、女、親なく、頼りなくなるままに、もろともにいふかひなくてあらむやはとて、河内の国、高安の郡に、いき通ふ所いできにけり。さりけれど、このもとの女、あしと思へるけしきもなくて、いだしやりければ、男、こと心ありてかかるにやあらむと思ひうたがひて、前栽のなかにかくれゐて、河内へいぬるかほにて見れば、この女、い

井（扇面法華経）

図2　筒井筒（『新編日本古典文学全集　伊勢物語』（小学館）より）
内容は、恋愛・友情・別離など多岐にわたる内容が描かれている物語集です。

見てみよう

　ここに紹介している『伊勢物語』の「筒井筒」の物語は、筒井筒の周り
で遊んだ幼馴染の男女が、やがて結婚をし、その後、男が他の女に目移り
してしまうのですが、幼馴染の女の良さに気づいて、元の鞘におさまると
いうお話です。

　さて、ここで注目したい場面は、男が目移りした女（高安に住む女）の
給仕マナーに関して触れているところです。さてどのようなことがわかる
のでしょうか。

とよう化粧じて、うちながめて、
　風吹けば沖つしら浪たつた山夜半にや君がひとりこゆら
む
とよみけるを聞きて、かぎりなくかなしと思ひて、河内へも
いかずなりにけり。
　まれまれかの高安に来て見れば、はじめこそ心にくくもつく
りけれ、いまはうちとけて、手づから飯匙とりて、笥子のう
つはものにもりけるを見て、心憂がりて、いかずなりにけり。
さりければ、かの女、大和の方を見やりて、
　君があたり見つつを居らむ生駒山雲なかくしそ雨はふる
とも
といひて見いだすに、からうじて大和人、「来む」といへり。
よろこびて待つに、たびたび過ぎぬれば、
　君来むといひし夜ごとに過ぎぬれば頼まぬものの恋ひつ
つぞ経る
といひけれど、男すまずなりにけり。

> 図3　筒井筒（『新編日本古典文学全集　伊勢物語』（小学館）より）

考えてみよう

　物語を読んでいってみましょう。

　主人公の男は、妻の実家が貧しくなると、河内国高安郡に新しい恋人を

つくりました。男は、高安に住む女の元へかようわけですが、女は初めこそ奥ゆかしかったのですが、だんだん打ち解けて、自らしゃもじでご飯を盛り付けました。男はこれを見てしまいました。男は女のことが嫌いになり、通わなくなってしまいました。

　さて、なぜ男は女のことを嫌いになったのでしょうか。

　3つの説を立ててみましょう。

①給仕係に給仕をさせず、自らご飯を器に盛ることは、当時ははしたないことだった

②自ら器に盛って、ぱくぱくご飯を食べる女性は、男性に好まれなかった

③人前で食事の準備をすることがマナー違反だった

　さて、答えはなんでしょうか。

　いずれにしても、平安時代の食事のマナーを推測するのに、この事例は重要な手がかりとなるでしょう。

さらに考えるためのヒント

　ここでは『伊勢物語』の「筒井筒」を事例に平安時代の食習慣について考えました。

　平安時代には、ここで取り上げた『伊勢物語』以外にもたくさんの物語が作られました。同時代に作成された作品でも、同じように食事のマナーや作法を探ることができる場面が描かれているはずです。そうした場面を集めて比較してみることで、当時の人々の食事に対する考え方を知ることができるはずです。

11.「米」を作る
──「農家耕作之図」を読む

　江戸時代には、様々な絵図が描かれました。何が描かれたのか、それは何を
意味するのか、絵図を深くのぞいてみると、その意図を知ることができます。

どうやって調べるの？

　この絵図は、国立国会図書館デジタルコレクションで調べられます。

　「国立国会図書館デジタルコレクション」とは、国立国会図書館で、収
集・保存しているデジタル資料や、著作権の期限が終了し、公開可能と
なった資料を検索・閲覧できるサイトです。貴重書画像データベース・近
代デジタルライブラリー・児童書デジタルライブラリーを統合したもの

図1　玉蘭斎貞秀「農家耕作之図」（19世紀中頃）国立国会図書館デジタルコレクション

で、資料・画像・音声・映像などが閲覧できます。

　今回は、「農家」「耕作」をキーワードに貴重書の検索をしました。

　「農家耕作之図」は、「江戸風俗錦絵」の１つとして収録されたもので、保護期間満了になっているため、インターネット公開がなされています。

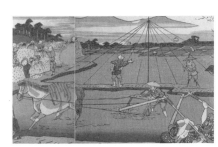

「農家耕作之図」部分

見てみよう

　まずは、絵図を見てみましょう。何が描かれていますか。

　正面は富士山、その手前では、馬で農具をひかせて田を起こす人。左手奥には、稲をはさ掛けしている人々。左手前では、田植えをする女性達。その隣では、千歯こきで脱穀をする女性。右手前には、唐箕で作業をする女性達が描かれています。

　どうやらこれは、米ができるまでを各工程を反時計まわりに一周する形で１枚に表した絵図のようです。

考えてみよう

　この絵画は、いったい何を意味するのでしょうか？　なぜこのような絵が描かれたのかを考えてみましょう。

　江戸時代には、いくつもの農耕図が描かれました。その特徴の１つは、富士山が描かれているということです。図１の「農家耕作之図」にも、真正面に富士山が描かれています。これは、人間社会と自然との繋がりを現すものとされています。五穀豊穣として山の神の存在は、大きかったのです。一方で、富士山は武家権力を体現したものであるという見方もあります。

さらに考えるためのヒント

　では、なぜ農耕図の米作りを描く中に武家権力を現す富士山を描く必要があったのでしょうか。

　江戸時代は、生産力・収入・経済規模など、全てのことを「米の量」であらわす社会でした。これを、石高制社会と呼びます。ですので、江戸時代の人々にとって、米はとても重要なものでした。年貢（現在の税金のようなもの）の大部分も米で納めていました。

　この絵図の富士山を、江戸幕府と見立てているのであれば、その眼前に広がるのは、年貢を払うために農耕を行うべき領民の姿をあらわしているのかもしれません。

　このように、一見その意図がわからない図柄も、当時の社会背景などを踏まえて考えてみると、また違った読み解き方ができます。既存の絵図の解説だけで納得するのではなく、じっくり作品と向きあってみると、新しい発見もあるはずです。

　さて、この絵図に描かれている米作りの工程のひとつひとつに目を向けてみると、各作業に使用する道具（農具）の形や大きさ、使用の方法、作業に必要な人数など、様々なことが読み取れます。動画ではありませんので1日の正確な作業量を算出することは難しいですが、その目安を立てることはできるでしょう。絵図は見れば見るほど、私たちに多くのメッセージを与えてくれます。写真のない過去を知るための資料として重要なものです。

12. 「もどき料理」とは何か？
──「○○のようで、○○じゃない」料理を深く探る

「もどき料理」を事例に、料理についての歴史資料の探し方を紹介します。

どうやって調べるの？

みなさんは、「もどき料理」をご存じでしょうか？「もどき料理」とは、おもに魚や肉などの味や形に似せて作った料理のことを指します。

では、そもそも「もどき料理」の「もどき」とはどのような意味があるのでしょうか。

まずは、ジャパンナレッジの『日本国語大辞典』で「もどく」を調べてみましょう。

『日本国語大辞典』（第2版、全14巻、小学館、2003年）は、辞書・事典

> **[二]　（語素）**
>
> 名詞に付いて、それと対抗して張り合うぐらいのもの、それに匹敵するものであるという意を表わす。また、そのものに似て非なるものであるという意をも表わす。「がんもどき」「うめもどき」など。
>
> ＊評判記・難波の貝は伊勢の白粉〔1683頃〕二「御物（ごもつ）もどきとも云つべきかりの香（にほ）ひ」
>
> ＊譬喩尽〔1786〕八「犠（モドキ）といふこと、似せたことをいふ、梅犠、河豚（ふぐ）犠、納豆犠、似せたこと也」
>
> ＊随筆・胆大小心録〔1808〕五〇「肴はこの若狭もどきの小鯛が、塩がようござります」
>
> ＊浮世〔1887~89〕（二葉亭四迷）一・三「『アラ鳶（とび）が飛でますヨ』と知らぬ顔の半兵衛撲擬（モドキ）」

『日本国語大辞典第二版』（小学館）より

図1　『日本国語大辞典』最大の魅力は、言葉の意味だけでなく、古典籍・物語・随筆・古記録等にその言葉がどのように登場しているか、事例が挙げられているところです。これを見れば、その言葉が日本でいつ頃から使用されているのかを伺い知ることもできます。

さて、「もどく」は「名詞について、それと対抗して張り合うぐらいのもの、それに匹敵するものであるという意を表す。また、そのものに似て非なるものであるという意をも表す。」と書かれています。

→つまり・AとBは同じくらい、でも、AとBはよく似てるけど、実は全然違うもの

※ちなみに、「もどく」という言葉自体は、10世紀末の家集の中ですでに使用されています。

検索サイトのジャパンナレッジにも収録されています。今回は、ジャパンナレッジを使って、調べます。

　「もどく」という言葉の意味を理解したところで、「もどき」に関する事柄について、文献を見てみましょう。図2は『大和本草』という本草学の本です。本草学とは「自然物の形態・生態・製薬法・処方・薬効・薬理などを記載する学問」のことで、日本では欽明天皇23年に渡来したといわれています。江戸時代に入ると、中国から伝来した知識だけでなく、みずからの本草学研究が発展しました。その成果の1つが、『大和本草』です。

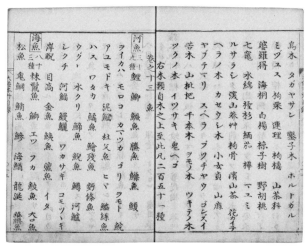

国立国会図書館デジタルコレクション

図2　名前なのに「もどき」！？
江戸時代中頃に貝原益軒が編纂した本草書の『大和本草』には、薬用植物や農産物が記されています。なんと、左頁の中頃に「アユモドキ」の文字があります。
アユモドキは、日本の固有種で、形がアユに似ていることからこの名前になったのですが、実際はアユではなくドジョウ科の淡水魚です。
江戸時代の書籍にすでにこの名前があることから、何かに似ているものを「○○もどき」と名付ける習慣はかなり昔からあったことがわかります。

見てみよう

　では、江戸時代に、実際にどのような「もどき料理」があったのでしょうか。例えば、『俚言集覧』（江戸時代中頃に成立し、明治期に刊行された国語辞典）には、「苺擬」（いちごもどき）という料理が紹介されています。「蘿蔔を擦し酢を以て柑肉をあへたるもの状いちごの如し故にいふ」と書かれていて、実際はイチゴを使うのではなく「いちごの如し」ものを作っています。

　次に、江戸時代に書かれた風俗誌として最も有名な『守貞漫稿』に書かれた「もどき料理」を見てみましょう。

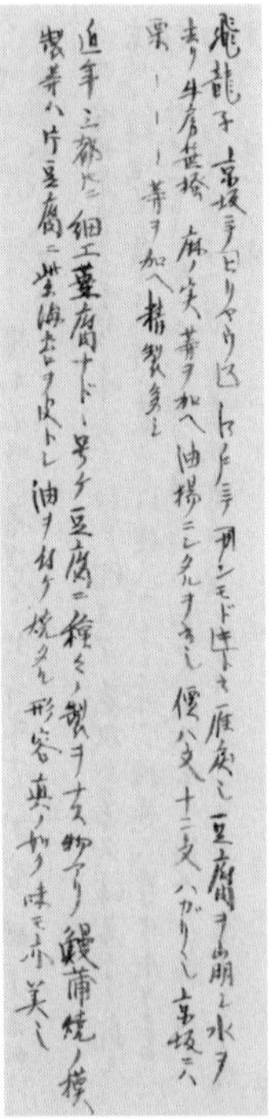

図3　作者喜田川守貞が、江戸・大坂での暮らしを踏まえて、三都の生活全般を比較して1837年から1853年にかけて記した風俗誌『守貞漫稿』には、「ガンモドキ」「鰻もどき」についての記事があります。内容を訳してみると、
・飛竜子（飛龍頭）は京坂では「ヒリヤウス」江戸では「ガンモドキ」という
・豆腐を崩して水を取りごぼうのささがきや麻の実などを加えて、油で揚げる
・近年、三都で細工豆腐が種々作られている
・鰻蒲焼の模製は、片豆腐に紫海苔を皮に見立てて油をつけて焼いている
という内容です。また、「形容　真ノ如ク味モ亦美し」と書かれており、よく似ていて味も良かった、とあります。
→雁は入っていないが、雁の肉に似せた「がんもどき」
　鰻は入っていないが、鰻の味に似た「鰻蒲焼の模製」
「近年」という表現が入っていることから、もどき料理の文化は江戸時代には定着していたといえるでしょう。

国立国会図書館デジタルコレクション

考えてみよう

日本古典籍データセット

図4 『豆腐百珍』
江戸時代の料理書。天明2（1782）年刊行。豆腐料理を通品・佳品・奇品・妙品・絶品に分けて100種を紹介している。「百珍物」の流行の先駆けとなる。

『豆腐百珍』には、「しじみもどき」「あゆもどき」の二種の料理が紹介されています。しじみは入っていないが、しじみの食感に似せた「しじみもどき」。鮎は入っていないが、鮎の形に似せた「あゆもどき」。どちらもしじみと鮎は入っていません。

江戸時代にこのような「もどき料理」が流行った背景にはどのようなことがあるのでしょうか。当時の書物で、もどき料理を深く探ってみるとまだまだ面白い料理も出てきそうです。

さらに考えるためのヒント

食の流行の背景を追えば、当時の社会が見えてくる！

書物から読み取れる食の流行は、単に「こんなものが流行ってますよ」ということだけではありません。それが流行っている理由を丁寧に追って行くことで、それが受け入れられた当時の社会のあり方を解明することに繋がります。

13. 食の広告　引札の世界
——引札から何を読み取るのか

　引札とは、商品の宣伝や開店の披露などの主旨を書いて諸方へ配る広告の札のことを指します。今で言う宣伝チラシです。近世から近代にかけて作成された引札はその鮮やかなデザインも相まって人々の目を引きました。

どうやって調べるの？

　引札は、配布する店側にも、手に入れた消費者側にも残るものなので、各地に多種多様な引札が残されています。近年は、デジタル化され歴史資料として公開されているものも多くあります。まずは2点の引札を見てみましょう。

酒切手　清酒醸造鑑札　酒袋仕入所
引札（西宮市立中央図書館所蔵）

> 図1　酒造の過程で使用する酒袋の引札。越後屋定次郎の店の引札です。
> 右下には、七福神の大黒天とその神使のネズミが描かれています。

> 図2　日清戦争後の日清講和条約にて伊藤博文が李鴻章に迫るシーンが描かれています。
> 左の文字を見てみると、この引札は「生鯖干物青物商」の湊屋のもので、酒袋の引札と同様、商品と絵柄に直接的な関係が見られないことがわかります。

生鯖青物干物港屋　引札（笠松町歴史未来館所蔵）

第42回企画展「阿波引札の世界―三舟コレクションを中心として」図録より（徳島県立文書館所蔵）

図3　引札の展示は、これまで多くの機関で開催されてきました。例えば、これは徳島県立文書館で平成23年夏に行われた展示チラシ。商品の内容よりも、楽しい絵の方に目がいってしまいます。

見てみよう

4点とも国立国会図書館デジタルコ
レクション

図4　人の目を引く鮮やかなデザインは、実は各商店のオリジナル作品では
ありませんでした。この本は、『新版引札見本帖』です。つまり、商店ではこ
うした見本帖から選択して印刷を依頼していたのです。上に紹介しているの
は、見本帖の一部の頁です。左下の図案では餅をつく風景が描かれていて、
前に立つ女性は、鏡餅を持っています。おそらく、お正月に使用する引札の
図案でしょう。一方、右下の図案には、勇ましくバンザイをする兵隊と旭日
旗が描かれています。この引札が使用されていた時期が戦中であったことが
推測できます。実際、この見本帖が作られた明治37（1904）年は、日露戦争
が始まった年であり、開戦ムードをデザインにあしらったのでしょう。この
ように当時の引札を見てみると、単に商品の宣伝方法がわかるだけではなく、
当時の社会情勢を読み取ることもできそうですね。

考えてみよう

　では、同じ見本帖から、もう1点引札を見てみましょう。ビールを片手に持つ男性と日本酒が入っていると思われる大きな盃を持った武士のいでたちの若者。そのまわりには、「アサヒビール」の瓶や「キリンビール」の木箱、近藤某の WINE（ワイン）もあります。酒樽とひょうたんも描かれています。これはいったい何を意味する風景なのでしょうか。今では、複数の会社の商品が同じ広告に掲載されることは、まずありませんね。しかし、この引札の図案ではそのようなことが起こっています。当時の宣伝方法について調べるヒントになるかもしれません。

国立国会図書館デジタルコレクション

さらに考えるためのヒント

　当時、商品を宣伝する方法としては、引札以外に新聞広告の掲載もありました。明治期から昭和期の新聞の広告の様々な商品の広告の時期的変化を調べてみるのも面白そうですね。

14. 潮干狩りをする人々
——絵図・写真で振り返る

　写真がまだ無かった時代、人々の姿は絵にして表されていました。絵から写真へ、長い時を経て、人々の姿の描かれ方はどのように変化したのでしょうか。ここでは、潮干狩りを事例に見てみましょう。

どうやって調べるの？

　絵図の検索はこれまで紹介した通りです。写真についてはどうでしょうか。最近は、自治体の社会教育機関等で、当該地域の古写真が公開されることも多くなりました。今回は、「潮干狩り」で検索して出てきた写真を見ることで、絵図から写真へ、人々の描かれ方の変化を見ていきましょう。

「潮干狩之図」（国立国会図書館デジタルコレクション）

図1　この図は、葛飾北斎が描いた潮干狩りの場面です。着物の裾をまくり、男女問わず大人たちが競って潮干狩りを楽しんでいる姿が描かれています。また、大人に連れられて、子供も参加しています。

「江戸風俗十二ケ月の内　三月　潮干狩の図」（国立国会図書館デジタルコレクション）

図2　この図は、明治23年に描かれた図です。江戸の風俗12ヶ月のうち、3月の風物詩として登場しています。図1と比べてみると女性と子供が強調して描かれていることが読み取れます。実際に潮干狩りを楽しむ層が変化したのか、それとも絵柄的にあでやかな女性を描きたかったのか、2つの絵図のみでは明らかにできません。とはいえ、このような風景がわざわざ描かれた背景には、当時の人々が潮干狩りというイベントを楽しんでいたという事実があると思います。

見てみよう

　絵図に描かれた潮干狩りの風景から、当時の人々の潮干狩りの楽しみ方を推察することができました。では、その後潮干狩りはどのように変化したのでしょうか。今度は、絵図ではなく写真で見てみましょう。近年は、明治から昭和にかけての写真を「古写真」という歴史資料として位置づけ、文字や絵図、インタビューや聞きとりでは判明しないものを補い、歴

図3　大阪湾データ
　　　ベースの画面
　　　（出典：大阪
　　　湾環境データ
　　　ベース）

図4　千葉県立中央博物館デジタルミュージアムの故林辰雄氏撮影写真集のうち、稲毛の中の「小学生の潮干狩り」の画面（千葉県立中央博物館提供）

史を解明するための研究資料としての活用がなされています。とくに、昭和40年代以降はカラー写真も増えていき、過去の姿を忠実に目で見ることができる資料として貴重です。今回は、写真のデータベースをウェブ上で公開されているものをご紹介しながら、潮干狩りの変遷を確認します。

考えてみよう

この2つの写真データベースの検索でヒットした潮干狩りの写真は、いずれも昭和30年から40年にかけてのものです。この時期、潮干狩りが小学校の遠足や余暇の家族の遊び場となっていました。このようにみてみると、江戸時代からずっと変わらず、潮干狩りは日本人のレジャーの定番としてあり続けてきたことがわかります。

さらに考えるためのヒント

では、平成・令和になっても変わらず「潮干狩り」は、行われているのでしょうか。同じような写真を撮影しに行ってみることで、昭和30年代と現在の差異を発見できるかもしれません。

そうした遊びとしての「食」との向き合い方の変遷を調べる事例として、「潮干狩り」の歴史的変遷を分析してみるのはいかがでしょうか。

ところで、リンゴ狩り・いちご狩り・芋掘り等々、日本人はグループで何かを収穫することが好きなようです。それらの時期的変遷を潮干狩りと同様に調べてみるのも面白いと思います。

出典・参考ウェブサイト・文献一覧

● ●

【ウェブサイト】（カッコ内の数字は図版が掲載された章内の節番号）

〈第2章〉

クックパッド（1）　https://cookpad.com

グーグル（1）　https://www.google.co.jp/

ウィキペディア（1）　https://ja.wikipedia.org/wiki

農林水産省（2）　https://www.maff.go.jp/

e-GOV（3）　https://shinsei.e-gov.go.jp/

農林業センサス（4）　https://www.maff.go.jp/j/tokei/census/afc2015/280624.html

e-Stat（4）　https://www.e-stat.go.jp/

東京都中央卸売市場（5）　https://www.shijou.metro.tokyo.lg.jp/

財務省（6）　https://www.mof.go.jp/

文部科学省（7）　https://www.mext.go.jp/

文部科学省　日本食品標準成分表（7）https://www.mext.go.jp/a_menu/syokuhinseibun/
　　mext_01110.html

食事バランスガイド（7）　https://www.maff.go.jp/j/balance_guide

国会会議録検索システム（8）　https://kokkai.ndl.go.jp/

インターネット版官報（8）　https://kanpou.npb.go.jp/

日本食糧新聞社（9）　https://info.nissyoku.co.jp/

日本養殖新聞（9）　https://www.facebook.com/people/

〈第3章〉

CiNii　https://cir.nii.ac.jp/

カーリルローカル　https://calil.jp/local/

駅弁の小窓　http://www.ekibento.jp/

駅弁資料館　https://kfm.sakura.ne.jp/ekiben/

国立民族学博物館（4）https://www.minpaku.ac.jp/

国指定文化財等データベース　https://kunishitei.bunka.go.jp/bsys/index

神奈川大学日本常民文化研究所　http://jominken.kanagawa-u.ac.jp/

文化遺産オンライン　https://bunka.nii.ac.jp/

国立民族学博物館　民族学者の仕事場 Vol.4　近藤雅樹　https://older.minpaku.ac.jp/
　　　museum/showcase/fieldnews/shigotoba/kondo/wp

地域文化資産ポータル　https://bunkashisan.ne.jp/

国立民族学博物館　映像資料目録　https://htq.minpaku.ac.jp/databases/av/movcat.
　　　html

国立民族学博物館　ビデオテーク　https://htq.minpaku.ac.jp/databases/videotheque/

多賀大社（9）　http://www.tagataisya.or.jp/

国立歴史民俗博物館　民俗語彙
　　https://www.rekihaku.ac.jp/up-cgi/login.pl?p=param/goi/db_param

国立歴史民俗博物館　俗信
　　https://www.rekihaku.ac.jp/doc/zoku.html

〈第 4 章〉

早稲田大学古典籍総合データベース（1）　https://www.wul.waseda.ac.jp/kotenseki/

国立国文学研究資料館日本古典籍総合目録データベース（1）　base.1.nijl.ac.jp/~tkoten/

国立国文学研究資料館新日本古典籍総合データベース（1,2）　https://kotenseki.nijl.ac.jp/

国立国会図書館デジタルコレクション（1,4,7）　https://www.dl.ndl.go.jp/

青森県立図書館デジタルアーカイブ（3）　https://www.plib.pref.aomori.lg.jp/digital-
　　　archive/

大阪市立図書館デジタルアーカイブ　http://image.oml.city.osaka.lg.jp/archive/

京都大学貴重資料デジタルアーカイブ　https://rmda.kulib.kyoto-u.ac.jp/

愛知県図書館絵はがきコレクション https://websv.aichi-pref-library.jp/chiki/ehagaki/
　　　index.html

絵葉書資料館　https://www.ehagaki.org/

ルーラル電子図書館　https://lib.ruralnet.or.jp/

ヨミダス歴史館（5）　https://database.yomiuri.co.jp/about/rekishikan/

毎日新聞毎索　https://www.nichigai.co.jp/database/maisaku.html

産経新聞データベース　https://shimbun-data.denshi.sankei.co.jp/kijisearch/main.html

朝日新聞クロスサーチ　https://xsearch.asahi.com/

日経テレコン　https://telecom.nikkei.co.jp/

東京都立図書館　江戸東京デジタルミュージアム（6）https://www.library.metro.
tokyo.lg.jp/portals/0/edo/tokyo_library/index.html

港区立郷土歴史館デジタルミュージアム（6）https://www.minato-rekishi.com/
digital/index.html（閲覧のみでダウンロード利用は対応していません。今回のス
クリーンショットは許可を得て使用しています。）

アムステルダム国立美術館　https://amsmuseum.jp/

人文学オープンデータ共同利用センター　日本古典籍データセット　http://codh.rois.
ac.jp/pmjt/

西尾市岩瀬文庫　https://iwasebunko.jp/

群馬県立文書館（8）　https://www.archives.pref.gunma.jp/

〈第5章〉

FAOSTAT（1）　https://www.fao.org/faostat/en/

EDINET（2）　https://disclosure.edinet-fsa.go.jp/

日本水産百年史デジタル版（3）　https://www.nissui.co.jp/corporate/100yearsbook/pdf/
100yearsbook.pdf

iタウンページ（4）　https://itp.ne.jp/

国立国会図書館デジタルコレクション（4,11,12）　https://www.dl.ndl.go.jp

生き物供養碑　http://tmap1.topicmaps-space.jp/kuyo/

発祥の地コレクション　https://840.gnpp.jp/

国土地理院（7）　https://www.gsi.go.jp/

容器文化ミュージアム（8） https://package-museum.jp/

関西学院大学（9） https://www.kwansei.ac.jp/index.html

ジャパンナレッジ（10） https://japanknowledge.com/

『大和本草』（12）（国会図書館デジタルコレクション https://dl.ndl.go.jp/info:ndljp/pid/
2605899）

『守貞漫稿』（12）（国会図書館デジタルコレクション https://dl.ndl.go.jp/info:ndljp/pid/
2610250）

『豆腐百珍』（12）（日本古典籍データセット http://codh.rois.ac.jp/pmjt/book/200021798/）

にしのみやデジタルアーカイブ（13） https://archives.nishi.or.jp/

笠松町歴史未来館（13） https://www.town.kasamatsu.gifu.jp/organization_list/
rekishimirai/

徳島県立文書館（13） https://archive.bunmori.tokushima.jp/

大阪湾環境データベース（14） http://kouwan.pa.kkr.mlit.go.jp/kankyo-db/

千葉中央博デジタルミュージアム（14） http://www2.chiba-muse.or.jp/NATURAL/
index.html

【文献】

〈第1章〉

アチックミューゼアム編（1936）『民具蒐集調査要目』アチックミューゼアム

アチックミューゼアム編（1937）『民具問答集』アチックミューゼアム

宮本馨太郎編（1991）『図録 民具入門事典』柏書房

福田アジオほか編（1999-2000）『日本民俗大辞典』吉川弘文館

商品科学研究所・CDI編（1980）『生活財生態学―現代家庭のモノとひと―』リブロ
ポート

アチックミウゼアム編（1935）「所謂足半（あしなか）に就いて（予報一）」『民族學研
究』1巻4号

アチックミウゼアム編（1936）「所謂足半（あしなか）に就いて（予報二）」『民族學研

究』2巻1号

〈第3章〉

京馬伸子（2011）「チラシ広告・企業提案と現代年中行事」『民具研究』第143号

文化庁編（1969）『日本民俗地図1　年中行事1』国土地理協会

天野武監修（1999）『近畿地方の民俗地図2　大阪・兵庫・和歌山』（都道府県別日本の民俗分布地図集成　第9巻）東洋書林

倉石忠彦（2015）『民俗地図方法論』岩田書院

安室知（2022）『日本民俗分布論―民俗地図のリテラシー』慶友社

吉田晶子（1995）「筍掘り具の形態差：京都府南部から大阪府北部にかけて」『近畿民具』18

長岡京市教育委員会編（2000）『京タケノコと鍛冶文化』長岡京市文化財調査報告

上杉剛嗣（2009）『駅弁掛け紙ものがたり―古今東西日本を味わう旅』けやき出版

羽島知之（2014）『明治・大正・昭和駅弁ラベル大図鑑』国書刊行会

神奈川県立歴史博物館（2007）『ようこそかながわへ―20世紀前半の観光文化』

天理大学附属天理参考館（2010）『鉄道旅行の味わい―食堂車メニューと駅弁ラベルに見る旅の食文化―』

北区飛鳥山博物館（2011）『ノスタルジア・駅弁掛け紙コレクション―描かれた名所・名物・名産展―』

森俊弘（2007）「国登録有形民俗文化財「郷原漆器の製作用具」について：岡山県北地域の漆器業史とその製法」『民具マンスリー』40（8）

江原絢子・東四柳祥子編（2019）『日本の食文化史年表』吉川弘文館

須藤功編（1989-1993）『写真でみる日本生活図引』（全9巻）弘文堂

須藤功編（1994）『縮刷版 写真でみる日本生活図引』（全5巻）弘文堂

神奈川大学日本常民文化研究所（1981）『紀年銘（年号のある）民具・農具調査等―西日本』

京都市文化観光局（1987）『伏見の酒造用具』

近藤雅樹（1992）「紀年銘唐箕の形態分類」『国立民族学博物館研究報告』16巻4号

静岡市教育委員会（2005）DVD『山のむらから木のぬくもりを―井川メンパの製作技術―』静岡市教育委員会

一色八郎（1998）『箸の文化史』お茶の水書房

〈第4章〉

『日本農業全書』（1978）農山漁村文化協会

『本朝食鑑』（1976-81）東洋文庫、平凡社

『江戸時代料理本集成』全11巻（2007）臨川書店

〈第5章〉

『雪印乳業史』（1960）

『野田醤油株式会社35年史』（1955）

『森永製菓五十五年史』（1954）

小島憲之ほか校注・訳（2006）『日本書紀①』（新編日本古典文学全集2）小学館

江原絢子・東四柳祥子編（2019）『日本の食文化年表』吉川弘文館

田口理恵編著（2012）『魚のとむらい―供養碑から読み解く人と魚のものがたり』東海大学出版会

日外アソシエーツ編（2012）『日本全国発祥の地事典』日外アソシエーツ

春日町誌編集委員会編（1995）『春日町誌 第4巻』春日町役場

中牧弘允・日置弘一郎編（2003）『企業博物館の経営人類学』東方出版

中牧弘允（2015）「企業博物館の視点から」『社会システム研究』特集号

『新編日本古典文学全集 伊勢物語』小学館

日本国語大辞典第二版編集委員会・小学館国語辞典編集部編（2000-2002）『日本国語大辞典』小学館

荒尾立夫（1989）『吾がふるさと大阪湾 増補改訂版』

執筆者紹介

● ●

荒木一視　Araki Hitoshi

専門は地理学、食料の地理学。旭川大学経済学部講師、助教授、山口大学教育学部准教授、教授を経て、2018 年 4 月より立命館大学食マネジメント学部教授。

主な業績：『食料の地理学の小さな教科書』（編著、ナカニシヤ出版、2013 年）、『救援物資輸送の地理学―被災地へのルートを確保せよ―』（共著、ナカニシヤ出版、2017 年）、『近代日本のフードチェーン―海外展開と地理学―』（単著、海青社、2018 年）、『食と農のフィールドワーク入門』（共編著、昭和堂、2019 年）、『Nature, Culture, and Food in Monsoon Asia』（共編著、Springer、2020 年）など。

本書執筆担当個所：はじめに、序章、第 1 章-1、第 2 章、第 5 章-1 〜 5

鎌谷かおる　Kamatani Kaoru

専門は歴史学（日本史）。博士（日本史学）。神戸女子大学等非常勤講師、大学共同利用機関法人 人間文化研究機構 総合地球環境学研究所プロジェクト研究員、同プロジェクト上級研究員、特任助教を経て2018 年 4 月より立命館大学食マネジメント学部准教授。

主な業績：『気候変動から近世をみなおす―数量・システム・技術』『気候変動から読みなおす日本史』第 5 巻（編著、臨川書店、2020 年）、「人は食に何を求めるのか『おもてなし』と『ごちそうさま』から考える江戸時代の食」（立命館食科学研究 6、2021 年）など。

本書執筆担当個所：第 1 章-3、第 4 章、第 5 章-9 〜 14

木村裕樹　Kimura Hiroki

専門は民俗学。民具、職人文化の研究。博士（文学）。国文学研究資料館プロジェクト研究員、龍谷大学、天理大学等の非常勤講師を経て、2018 年 4 月より立命館大学食マネジメント学部准教授。

主な業績：「保谷民博旧蔵資料の全容」（共著、国立民族学博物館調査報告139、2017 年）、「『左官職祖神縁起由来』について―近代東京の左官組合における職祖の創出―」（単著、立命館文学672、2021 年）、「韓国の轆轤―日韓比較に向けての予備的考察―」（単著、立命館食科学研究 4、2021 年）など。

本書執筆担当個所：第 1 章-2、第 3 章、第 5 章-6 〜 8

シリーズ食を学ぶ

食の資料探しガイドブック

2022 年 10 月 25 日　初版第 1 刷発行

著　者　荒木　一視
　　　　鎌谷かおる
　　　　木村　裕樹

発行者　杉田　啓三
〒607-8494　京都市山科区日ノ岡堤谷町 3-1
発行所　株式会社 昭和堂
振替口座　01060-5-9347
TEL（075）502-7500／FAX（075）502-7501

Ⓒ 2022 荒木一視・鎌谷かおる・木村裕樹　　　　印刷　亜細亜印刷
ISBN978-4-8122-2131-0
＊落丁本・乱丁本はお取り替えいたします
Printed in Japan

シリーズ 食を学ぶ

好評発売中！

食科学入門

複雑化する現代社会で重要となる食の問題を、人文科学・社会科学・自然科学の見方で総合的にとらえる。

朝倉敏夫・井澤裕司
新村　猛・和田有史 編
A5判・208頁
定価（本体2,300円＋税）
ISBN 978-4-8122-1705-4

食の設計と価値づくり

「食」の価値は、どうすれば高められるか？価値を最大化するために必要なアプローチを設計、生産システム、人的資源の観点から解説する。

新村　猛・野中朋美 編
A5判・256頁
定価（本体2,800円＋税）
ISBN 978-4-8122-1923-2

食の商品開発

食の商品開発を成功に導くために必要な要素をあまねく詰め込み、真の消費者視点で「ヒット商品」を考える。

内田雅昭 著
A5判・224頁
定価（本体2,300円＋税）
ISBN 978-4-8122-2011-5

食の世界史

人間活動の最も根源的な要素である「食」。食という視点から世界史を深く考察し、グローバル化する世界の課題解決に向けて考える。

南　直人 著
A5判・248頁
定価（本体2,400円＋税）
ISBN 978-4-8122-2023-8

SDGs時代の食・環境問題入門

SDGs達成に向けて、人間の生活に不可欠な「食」と「環境」に関する問題を理解し、どう対応していくかを考える。

吉積巳貴・島田幸司
天野耕二・吉川直樹 著
A5判・240頁
定価（本体2,600円＋税）
ISBN 978-4-8122-2103-7

図書出版 昭和堂